高等学校公共基础课系列教材

线性代数习题册

（实验班）

A

主　编　张乐友　刘三阳　田　阗

副主编　杨国平　张剑湖　于　淼

总码

班　级：________________

学　号：________________

姓　名：________________

西安电子科技大学出版社

内 容 简 介

“线性代数”课程的基本任务是学习矩阵及其运算、行列式、矩阵的秩与线性方程组的求解、向量空间、相似矩阵及二次型等有关知识。学生通过学习线性代数的基本理论及方法，并用这些知识解决一些实际问题，不仅可为学习后续课程打下牢固的数学基础，还可提高逻辑思维和抽象思维能力，以及提高分析问题、解决问题的能力.

为方便学习使用，本书分为 A、B 两册. A 册包括第 1 章矩阵及其应用、第 3 章矩阵的秩与线性方程组、第 5 章相似矩阵；B 册包括第 2 章行列式、第 4 章向量空间、第 6 章二次型. 书中习题涵盖了线性代数大纲中的所有知识点，内容编排灵活多变、深入浅出. 每一章的题型由填空题、选择题、计算及证明题等组成，以便多方位考查学生对知识点的掌握情况.

与同类书籍相比，本书略微提升了难度，适当增加了逻辑推理及理论思考题型的比重，适合理工科实验班学生使用，也可作为研究生入学考试的复习参考资料.

图书在版编目(CIP)数据

线性代数习题册：实验班 / 张乐友，刘三阳，田阗主编. --西安：西安电子科技大学出版社，2024.2(2025.7 重印)
ISBN 978 - 7 - 5606 - 7148 - 2

Ⅰ. ①线…　Ⅱ. ①张… ②刘… ③田…　Ⅲ. ①线性代数—高等学校—习题集
Ⅳ. ①O151.2 - 44

中国国家版本馆 CIP 数据核字(2024)第 008261 号

策　　划　吴祯娥
责任编辑　许青青
出版发行　西安电子科技大学出版社(西安市太白南路 2 号)
电　　话　(029)88202421　88201467　　邮　　编　710071
网　　址　www.xduph.com　　电子邮箱　xdupfxb001@163.com
经　　销　新华书店
印刷单位　陕西日报印务有限公司
版　　次　2024 年 2 月第 1 版　　2025 年 7 月第 3 次印刷
开　　本　787 毫米×1092 毫米　1/16　印张　10.75
字　　数　257 千字
定　　价　29.00 元
ISBN 978 - 7 - 5606 - 7148 - 2
XDUP 7450001 - 3

前　言

“线性代数”是一门经典的代数课程，也是各高校理工类和经管类等学科的一门重要基础课程。线性代数主要研究线性关系，其核心内容包括矩阵、行列式、线性方程组解的存在性的判定与求解、向量空间、向量组的线性相关性、方阵的特征值和特征向量、方阵的对角化和二次型等. 工程中的许多问题，如密码分析、电路设计、信息隐藏、信号处理、计算机图像处理等技术，都可归结为线性问题来解决，因此线性代数还是一门应用广泛的数学课程. 它不仅是数学专业的基础，也是自然科学、工程技术和经济管理等学科的基础，它将理论、计算和应用融合在一起，为各个学科领域提供通用的分析问题与解决问题的方法，在科学计算与实际应用中起着重要作用.

为适应新一轮科技革命和产业变革的新趋势，深入落实“六卓越一拔尖”计划 2.0 精神，探索拔尖创新人才培养新模式，发挥教育教学改革引领示范作用，更好地开放优质资源，让更多学生受益，西安电子科技大学从每届理工科新生中遴选部分优秀学生进入实验班学习. 本书针对理工科实验班学生数学基础较好、学习热情较高、后期专业学习对数学理论依赖度强的特点，在教学中增加了对数学理论的思考和对工程应用建模的讨论.

本书既注重“去抽象”，即要求在题目中体现基本概念和基本方法，又注重保持理论分析、内容结构的严谨性. 全书注重突出线性代数的基本理论、基本思想和基本计算，以及知识结构的内在关联与统一.

本书与刘三阳等编著的《线性代数》(由高等教育出版社出版)教材配套使用. 本书内容覆盖面广，重点突出，题型多样，能够对学生的学习情况进行全面评价，有助于培养学生解决实际问题的意识和能力，让学生感受到“线性代数”课程的重要性. 对于同一类型的计算题，书中给出了其中几个题目的各种方法的详细计算过程，其余的只给出答案. 对于证明题大都给出了证明；对少数较为简单的题目只给出提示. 做习题是巩固并加深课程内容及灵活处理问题的一个重要学习环节，和其他课程一样，线性代数中解题的方法也是多种多样的，书中的算法及证明只是供读者参考，希望读者能认真学习教材，掌握基本理论及算法，通过独立思考，自己做出正确答案.

本书针对重点和难点题目(在题号前标有 * 号)配有讲解视频，这些数字化资源更有利于学生高效地掌握线性代数的理论知识，提高自主学习能力. 本书在每节的开始以二维码的形式给出了思维导图.

希望本书对读者有所帮助，并希望读者对本书多提宝贵意见，以便进一步改进.

本书为教育部教师教学发展和教学研究虚拟教研室(负责人刘三阳)的成果. 本书得到了西安电子科技大学教材建设基金资助项目的支持。

编　者

2023 年 9 月

目　录

习　题

习 题 详 解

习　题

第 1 章　矩阵及其应用

一、选择题

思维导图

1. 设 $\boldsymbol{A}$ 为 n 阶方阵，则下列矩阵为对称矩阵的是(　　).

A. $\boldsymbol{A}-\boldsymbol{A}^{\mathrm{T}}$　　B. $\boldsymbol{A}\boldsymbol{A}^{\mathrm{T}}$

C. $(\boldsymbol{A}\boldsymbol{B}^{\mathrm{T}})\boldsymbol{C}$　　D. $\boldsymbol{C}\boldsymbol{A}\boldsymbol{C}^{\mathrm{T}}$，$\boldsymbol{C}$ 为 n 阶方阵

2. 设 $\boldsymbol{A}$，$\boldsymbol{B}$，$\boldsymbol{C}$ 均为 n 阶方阵，且 $\boldsymbol{AB}=\boldsymbol{BC}=\boldsymbol{CA}=\boldsymbol{E}$，则 $\boldsymbol{A}^2+\boldsymbol{B}^2+\boldsymbol{C}^2$ 等于(　　).

A. $3\boldsymbol{E}$　　B. $2\boldsymbol{E}$　　C. $\boldsymbol{E}$　　D. $\boldsymbol{O}$

3. 设 n 维行向量 $\boldsymbol{\alpha}=\left(\frac{1}{2}, 0, \cdots, 0, \frac{1}{2}\right)$，矩阵 $\boldsymbol{A}=\boldsymbol{E}-\boldsymbol{\alpha}^{\mathrm{T}}\boldsymbol{\alpha}$，$\boldsymbol{B}=\boldsymbol{E}+2\boldsymbol{\alpha}^{\mathrm{T}}\boldsymbol{\alpha}$，其中 $\boldsymbol{E}$ 为 n 阶单位矩阵，则 $\boldsymbol{AB}$ 等于(　　).

A. $\boldsymbol{O}$　　B. $\boldsymbol{E}$　　C. $-\boldsymbol{E}$　　D. $\boldsymbol{E}+\boldsymbol{\alpha}^{\mathrm{T}}\boldsymbol{\alpha}$

4. 设 $\boldsymbol{P}$、$\boldsymbol{Q}$ 都是 n 阶方阵，且 $(\boldsymbol{PQ})^2=\boldsymbol{E}$，则必有(　　).

A. $\boldsymbol{P}^2\boldsymbol{Q}^2=\boldsymbol{E}$　　B. $\boldsymbol{Q}^2\boldsymbol{P}^2=\boldsymbol{E}$　　C. $(\boldsymbol{QP})^2=\boldsymbol{E}$　　D. 以上都不正确

5. 设 $\boldsymbol{\alpha}$ 为 3 维列向量，$\boldsymbol{\alpha}^{\mathrm{T}}$ 是 $\boldsymbol{\alpha}$ 的转置，若 $\boldsymbol{\alpha}\boldsymbol{\alpha}^{\mathrm{T}}=\begin{pmatrix}1 & -1 & 1\\ -1 & 1 & -1\\ 1 & -1 & 1\end{pmatrix}$，则 $\boldsymbol{\alpha}^{\mathrm{T}}\boldsymbol{\alpha}$ 等于(　　).

A. 3　　B. 6　　C. 9　　D. 0

6. 设 n 阶方阵 $\boldsymbol{A}$，$\boldsymbol{B}$，$\boldsymbol{C}$ 满足关系式 $\boldsymbol{ABC}=\boldsymbol{E}$，其中 $\boldsymbol{E}$ 是 n 阶单位阵，则必有(　　).

A. $\boldsymbol{ACB}=\boldsymbol{E}$　　B. $\boldsymbol{CBA}=\boldsymbol{E}$　　C. $\boldsymbol{BAC}=\boldsymbol{E}$　　D. $\boldsymbol{BCA}=\boldsymbol{E}$

7. 设 $\boldsymbol{A}$，$\boldsymbol{B}$，$\boldsymbol{C}$ 均为 n 阶可逆方阵，$\boldsymbol{E}$ 为 n 阶单位矩阵，若 $\boldsymbol{B}=\boldsymbol{E}+\boldsymbol{AB}$，$\boldsymbol{C}=\boldsymbol{A}+\boldsymbol{CA}$，则 $\boldsymbol{B}-\boldsymbol{C}$ 为(　　).

A. $\boldsymbol{E}$　　B. $-\boldsymbol{E}$　　C. $\boldsymbol{A}$　　D. $-\boldsymbol{A}$

8. 设 $\boldsymbol{A}$ 为 n 阶非零矩阵，$\boldsymbol{E}$ 为 n 阶单位矩阵，若 $\boldsymbol{A}^3=\boldsymbol{O}$，则(　　).

A. $\boldsymbol{E}-\boldsymbol{A}$ 不可逆，$\boldsymbol{E}+\boldsymbol{A}$ 不可逆　　B. $\boldsymbol{E}-\boldsymbol{A}$ 不可逆，$\boldsymbol{E}+\boldsymbol{A}$ 可逆

C. $\boldsymbol{E}-\boldsymbol{A}$ 可逆，$\boldsymbol{E}+\boldsymbol{A}$ 可逆　　D. $\boldsymbol{E}-\boldsymbol{A}$ 可逆，$\boldsymbol{E}+\boldsymbol{A}$ 不可逆

9. 设 $\boldsymbol{A}$，$\boldsymbol{B}$，$\boldsymbol{A}+\boldsymbol{B}$，$\boldsymbol{A}^{-1}+\boldsymbol{B}^{-1}$ 均为 n 阶可逆矩阵，则 $(\boldsymbol{A}^{-1}+\boldsymbol{B}^{-1})^{-1}$ 等于(　　).

A. $\boldsymbol{A}^{-1}+\boldsymbol{B}^{-1}$　　B. $\boldsymbol{A}+\boldsymbol{B}$　　C. $\boldsymbol{A}(\boldsymbol{A}+\boldsymbol{B})^{-1}\boldsymbol{B}$　　D. $(\boldsymbol{A}+\boldsymbol{B})^{-1}$

10. 设 $\boldsymbol{A}$ 为 3 阶矩阵，$\boldsymbol{P}$ 为 3 阶可逆矩阵，且 $\boldsymbol{P}^{-1}\boldsymbol{AP}=\begin{pmatrix}1 & 0 & 0\\ 0 & 1 & 0\\ 0 & 0 & 2\end{pmatrix}$. 若 $\boldsymbol{P}=(\boldsymbol{\alpha}_1, \boldsymbol{\alpha}_2, \boldsymbol{\alpha}_3)$，

$Q=(\boldsymbol{\alpha}_1+\boldsymbol{\alpha}_2,\boldsymbol{\alpha}_2,\boldsymbol{\alpha}_3)$，则 $Q^{-1}AQ$ 等于（　　）.

A. $\begin{pmatrix}1&0&0\\0&2&0\\0&0&1\end{pmatrix}$　　B. $\begin{pmatrix}1&0&0\\0&1&0\\0&0&2\end{pmatrix}$　　C. $\begin{pmatrix}2&0&0\\0&1&0\\0&0&2\end{pmatrix}$　　D. $\begin{pmatrix}2&0&0\\0&2&0\\0&0&1\end{pmatrix}$

11. 与矩阵 $\boldsymbol{A}=\begin{pmatrix}1&2&0\\2&4&0\\0&0&4\end{pmatrix}$ 等价的矩阵是（　　）.

A. $\begin{pmatrix}1&0&0\\0&0&0\\0&0&0\end{pmatrix}$　　B. $\begin{pmatrix}1&0&0\\0&2&0\\0&0&0\end{pmatrix}$　　C. $\begin{pmatrix}1&0&0\\0&2&0\\0&0&3\end{pmatrix}$　　D. $\begin{pmatrix}1&0&0\\0&2&0\\0&0&4\end{pmatrix}$

12. 设 $\boldsymbol{A}=\begin{pmatrix}a_{11}&a_{12}&a_{13}&a_{14}\\a_{21}&a_{22}&a_{23}&a_{24}\\a_{31}&a_{32}&a_{33}&a_{34}\\a_{41}&a_{42}&a_{43}&a_{44}\end{pmatrix}$，$\boldsymbol{B}=\begin{pmatrix}a_{14}&a_{13}&a_{12}&a_{11}\\a_{24}&a_{23}&a_{22}&a_{21}\\a_{34}&a_{33}&a_{32}&a_{31}\\a_{44}&a_{43}&a_{42}&a_{41}\end{pmatrix}$，$\boldsymbol{P}_1=\begin{pmatrix}0&0&0&1\\0&1&0&0\\0&0&1&0\\1&0&0&0\end{pmatrix}$，

$\boldsymbol{P}_2=\begin{pmatrix}1&0&0&0\\0&0&1&0\\0&1&0&0\\0&0&0&1\end{pmatrix}$，其中 $\boldsymbol{A}$ 可逆，则 $\boldsymbol{B}^{-1}=$（　　）.

A. $\boldsymbol{A}^{-1}\boldsymbol{P}_1\boldsymbol{P}_2$　　B. $\boldsymbol{P}_1\boldsymbol{A}^{-1}\boldsymbol{P}_2$　　C. $\boldsymbol{P}_1\boldsymbol{P}_2\boldsymbol{A}^{-1}$　　D. $\boldsymbol{P}_2\boldsymbol{A}^{-1}\boldsymbol{P}_1$

13. 设 $\boldsymbol{A}=\begin{pmatrix}a_{11}&a_{12}&a_{13}\\a_{21}&a_{22}&a_{23}\\a_{31}&a_{32}&a_{33}\end{pmatrix}$，$\boldsymbol{B}=\begin{pmatrix}a_{21}&a_{22}&a_{23}\\a_{11}&a_{12}&a_{13}\\a_{31}+a_{11}&a_{32}+a_{12}&a_{33}+a_{13}\end{pmatrix}$，$\boldsymbol{P}_1=\begin{pmatrix}0&1&0\\1&0&0\\0&0&1\end{pmatrix}$，

$\boldsymbol{P}_2=\begin{pmatrix}1&0&0\\0&1&0\\1&0&1\end{pmatrix}$，则必有（　　）.

A. $\boldsymbol{AP}_1\boldsymbol{P}_2=\boldsymbol{B}$　　B. $\boldsymbol{AP}_2\boldsymbol{P}_1=\boldsymbol{B}$　　C. $\boldsymbol{P}_1\boldsymbol{P}_2\boldsymbol{A}=\boldsymbol{B}$　　D. $\boldsymbol{P}_2\boldsymbol{P}_1\boldsymbol{A}=\boldsymbol{B}$

14. 设 $\boldsymbol{A}$ 为 3 阶方阵，将 $\boldsymbol{A}$ 的第 2 列加到第 1 列得矩阵 $\boldsymbol{B}$，再交换 $\boldsymbol{B}$ 的第 2 行与第 3 行得单位矩阵，记 $\boldsymbol{P}_1=\begin{pmatrix}1&0&0\\1&1&0\\0&0&1\end{pmatrix}$，$\boldsymbol{P}_2=\begin{pmatrix}1&0&0\\0&0&1\\0&1&0\end{pmatrix}$，则 $\boldsymbol{A}$ 等于（　　）.

A. $\boldsymbol{P}_1\boldsymbol{P}_2$　　B. $\boldsymbol{P}_1^{-1}\boldsymbol{P}_2$　　C. $\boldsymbol{P}_2\boldsymbol{P}_1$　　D. $\boldsymbol{P}_2\boldsymbol{P}_1^{-1}$

15. 设 $\boldsymbol{A}$ 为 3 阶矩阵，将 $\boldsymbol{A}$ 的第 2 行加到第 1 行得 $\boldsymbol{B}$，再将 $\boldsymbol{B}$ 的第 1 列的 -1 倍加到第 2 列得 $\boldsymbol{C}$，记 $\boldsymbol{P}=\begin{pmatrix}1&1&0\\0&1&0\\0&0&1\end{pmatrix}$，则（　　）.

A. $\boldsymbol{C}=\boldsymbol{P}^{-1}\boldsymbol{AP}$　　B. $\boldsymbol{C}=\boldsymbol{PAP}^{-1}$　　C. $\boldsymbol{C}=\boldsymbol{P}^{\mathrm{T}}\boldsymbol{AP}$　　D. $\boldsymbol{C}=\boldsymbol{PAP}^{\mathrm{T}}$

二、判断题

已知 $\boldsymbol{A}$、$\boldsymbol{B}$ 均为 n 阶方阵，判断下列结论是否正确．

1. $(\boldsymbol{A}+\boldsymbol{B})(\boldsymbol{A}-\boldsymbol{B})=\boldsymbol{A}^2-\boldsymbol{B}^2$. ( )
2. $(\boldsymbol{AB})^{\mathrm{T}}=\boldsymbol{A}^{\mathrm{T}}\boldsymbol{B}^{\mathrm{T}}$. ( )
3. 若 $\boldsymbol{AB}=\boldsymbol{O}$，则 $\boldsymbol{A}=\boldsymbol{O}$ 或 $\boldsymbol{B}=\boldsymbol{O}$. ( )
4. $\boldsymbol{AB}\neq\boldsymbol{O}\Leftrightarrow\boldsymbol{A}\neq\boldsymbol{O}$ 且 $\boldsymbol{B}\neq\boldsymbol{O}$. ( )
5. $\boldsymbol{A}$ 或 $\boldsymbol{B}$ 可逆，必有 $\boldsymbol{AB}$ 可逆. ( )
6. $\boldsymbol{A}$ 且 $\boldsymbol{B}$ 可逆，必有 $\boldsymbol{A}+\boldsymbol{B}$ 可逆. ( )
7. $\boldsymbol{A}$ 或 $\boldsymbol{B}$ 不可逆，必有 $\boldsymbol{AB}$ 不可逆. ( )
8. $\boldsymbol{A}$ 且 $\boldsymbol{B}$ 不可逆，必有 $\boldsymbol{A}+\boldsymbol{B}$ 不可逆. ( )
9. 若 $\boldsymbol{A}$，$\boldsymbol{B}$，$\boldsymbol{A}+\boldsymbol{B}$ 均可逆，则 $\boldsymbol{A}^{-1}+\boldsymbol{B}^{-1}$ 可逆. ( )
10. 若 $\boldsymbol{A}^2=\boldsymbol{E}$，则 $\boldsymbol{A}\neq\boldsymbol{E}$ 时，必有 $\boldsymbol{A}+\boldsymbol{E}$ 不可逆. ( )

三、填空题

1. 设 $\boldsymbol{A}$、$\boldsymbol{E}-\boldsymbol{A}$ 可逆，若 $\boldsymbol{B}$ 满足 $[\boldsymbol{E}-(\boldsymbol{E}-\boldsymbol{A})^{-1}]\boldsymbol{B}=\boldsymbol{A}$，则 $\boldsymbol{B}-\boldsymbol{A}=$________.

2. 设矩阵 $\boldsymbol{A}=\begin{pmatrix}5&3\\0&1\end{pmatrix}$，$\boldsymbol{B}=\begin{pmatrix}1&0\\3&3\end{pmatrix}$，$\boldsymbol{C}=\begin{pmatrix}1&1\\-1&-1\end{pmatrix}$，$a$，$b$，$c$ 为实数且已知 $a\boldsymbol{A}+b\boldsymbol{B}-c\boldsymbol{C}=\boldsymbol{E}$，则 $a=$________，$b=$________，$c=$________.

3. 设 $\boldsymbol{A}=\begin{pmatrix}0&0&0\\2&0&0\\1&3&0\end{pmatrix}$，则 $\boldsymbol{A}^2=$________，$\boldsymbol{A}^3=$________.

4. 若 $\boldsymbol{A}=\begin{pmatrix}1&1&1\\-1&0&2\\1&-1&1\end{pmatrix}$，则 $\boldsymbol{AA}^{\mathrm{T}}-\boldsymbol{A}^{\mathrm{T}}\boldsymbol{A}=$________.

5. 设 $\boldsymbol{A}=\begin{pmatrix}1&0&0\\1&1&0\\0&1&1\end{pmatrix}$，则所有与 $\boldsymbol{A}$ 可交换的矩阵为________.

6. 设 $\boldsymbol{\alpha}$、$\boldsymbol{\beta}$ 是两个非零的 n 维列向量，矩阵 $\boldsymbol{A}=\boldsymbol{E}-\boldsymbol{\alpha}\boldsymbol{\beta}^{\mathrm{T}}$，且满足 $\boldsymbol{A}^2=3\boldsymbol{A}-2\boldsymbol{E}$，则 $\boldsymbol{\beta}^{\mathrm{T}}\boldsymbol{\alpha}=$________.

7. 设 $\boldsymbol{A}$ 为 n 阶方阵且满足条件 $\boldsymbol{A}^2+\boldsymbol{A}-6\boldsymbol{E}=\boldsymbol{O}$，其中 $\boldsymbol{E}$ 为 n 阶单位矩阵，则 $(\boldsymbol{A}+4\boldsymbol{E})^{-1}=$________.

8. 设 $\boldsymbol{A}$ 满足 $ax^2+bx+c=0(c\neq0)$，则 $\boldsymbol{A}^{-1}=$________.

9. 设 $\boldsymbol{A}$、$\boldsymbol{B}$ 为 3 阶方阵，$\boldsymbol{E}$ 为 3 阶单位矩阵，已知 $\boldsymbol{AB}=2\boldsymbol{A}+\boldsymbol{B}$，$\boldsymbol{B}=\begin{pmatrix}2&0&2\\0&4&0\\2&0&2\end{pmatrix}$，则 $(\boldsymbol{A}-\boldsymbol{E})^{-1}=$________.

10. 设 n 维向量 $\boldsymbol{\alpha}=(a,0,\cdots,0,a)^{\mathrm{T}}$，$a<0$，$\boldsymbol{E}$ 是 n 阶单位矩阵，矩阵 $\boldsymbol{A}=\boldsymbol{E}-\boldsymbol{\alpha}\boldsymbol{\alpha}^{\mathrm{T}}$，$\boldsymbol{B}=\boldsymbol{E}+\dfrac{1}{a}\boldsymbol{\alpha}\boldsymbol{\alpha}^{\mathrm{T}}$，其中 $\boldsymbol{A}$ 的逆矩阵为 $\boldsymbol{B}$，则 $a=$________.

11. 设 $\boldsymbol{A}=\begin{pmatrix}0&-1&0\\1&0&0\\0&0&-1\end{pmatrix}$，$\boldsymbol{B}=\boldsymbol{P}^{-1}\boldsymbol{A}\boldsymbol{P}$，其中 $\boldsymbol{P}$ 为 3 阶可逆矩阵，则 $\boldsymbol{B}^{2024}-2\boldsymbol{A}^2=$________.

12. 设 $\boldsymbol{A}=\begin{pmatrix}3&1&0&0\\0&3&0&0\\0&0&3&9\\0&0&1&3\end{pmatrix}$，则 $\boldsymbol{A}^n=$________.

13. 设 $\boldsymbol{A}$、$\boldsymbol{B}$ 为可逆矩阵，$\boldsymbol{C}=\begin{pmatrix}\boldsymbol{O}&\boldsymbol{A}\\\boldsymbol{B}&\boldsymbol{O}\end{pmatrix}$，则 $\boldsymbol{C}^{-1}=$________.

14. 设 $\boldsymbol{A}=\begin{pmatrix}5&2&0&0\\2&1&0&0\\0&0&1&-2\\0&0&1&1\end{pmatrix}$，则 $\boldsymbol{A}^{-1}=$________.

15. 矩阵 $\boldsymbol{A}=\begin{pmatrix}2&1&2&3\\4&1&3&5\\2&0&1&2\end{pmatrix}$ 的标准形为________.

16. 将矩阵 $\boldsymbol{A}=\begin{pmatrix}2&-1&3&1\\4&2&5&4\\2&0&2&6\end{pmatrix}$ 化为行最简矩阵为________.

17. 设矩阵 $\boldsymbol{A}=\begin{pmatrix}1&2&3\\4&5&6\\7&8&9\end{pmatrix}$，$\boldsymbol{P}=\begin{pmatrix}0&1&0\\1&0&0\\0&0&1\end{pmatrix}$，$\boldsymbol{Q}=\begin{pmatrix}0&0&1\\0&1&0\\1&0&0\end{pmatrix}$，则 $\boldsymbol{P}^{2023}\boldsymbol{A}\boldsymbol{Q}^{2024}=$________.

18. 若矩阵 $\boldsymbol{A}=\begin{pmatrix}1&3&2&-1\\-2&-6&-3&5\\3&9&3&a\end{pmatrix}$ 与矩阵 $\boldsymbol{B}=\begin{pmatrix}1&3&3&-5\\1&2&3&-1\\1&0&3&7\end{pmatrix}$ 等价，则 $a=$________.

19. 设 $\boldsymbol{A}$、$\boldsymbol{B}$ 均为 3 阶矩阵，$\boldsymbol{E}$ 是 3 阶单位矩阵，已知 $\boldsymbol{A}\boldsymbol{B}=2\boldsymbol{A}+\boldsymbol{B}$，$\boldsymbol{B}=\begin{pmatrix}2&0&2\\0&4&0\\2&0&2\end{pmatrix}$，则 $(\boldsymbol{A}-\boldsymbol{E})^{-1}=$________.

20. 当初等矩阵 $\boldsymbol{A}=$________，$\boldsymbol{B}=$________时，有 $\boldsymbol{A}\cdot\begin{pmatrix}2&1&0\\1&1&1\end{pmatrix}\cdot\boldsymbol{B}=\begin{pmatrix}0&1&2\\1&2&3\end{pmatrix}$.

四、计算证明题

1. 设 $\boldsymbol{A}=\begin{pmatrix}1&2&1&2\\2&1&2&1\\1&2&3&4\end{pmatrix}$，$\boldsymbol{B}=\begin{pmatrix}4&3&2&1\\-2&1&-2&1\\0&-1&0&-1\end{pmatrix}$，且 $(2\boldsymbol{A}-\boldsymbol{X})+2(\boldsymbol{B}-\boldsymbol{X})=\boldsymbol{O}$，求 $\boldsymbol{X}$.

2. 已知 $\boldsymbol{A}=\begin{pmatrix}1&1&0\\0&1&0\\0&0&1\end{pmatrix}$，求与 $\boldsymbol{A}$ 相乘可交换的矩阵 $\boldsymbol{B}$.

3. 已知 $\boldsymbol{\alpha}=(1, 2, 3)$，$\boldsymbol{\beta}=\left(1, \frac{1}{2}, \frac{1}{3}\right)$. 设 $\boldsymbol{A}=\boldsymbol{\alpha}^{\mathrm{T}}\boldsymbol{\beta}$，其中 $\boldsymbol{\alpha}^{\mathrm{T}}$ 是 $\boldsymbol{\alpha}$ 的转置，求 $\boldsymbol{A}^{n}$.

4. 设 $\boldsymbol{A}=\begin{pmatrix} 1 & \frac{1}{2} & \frac{1}{3} \\ 2 & 1 & \frac{2}{3} \\ 3 & \frac{3}{2} & 1 \end{pmatrix}$，求 $\boldsymbol{A}^{n}$.

5. 设$\boldsymbol{A}$与$\boldsymbol{B}$是两个n阶对称矩阵，证明：乘积$\boldsymbol{AB}$也是对称的当且仅当$\boldsymbol{A}$与$\boldsymbol{B}$满足乘法可交换时.

6. 设$\boldsymbol{A}=\begin{pmatrix}0&1&0\\1&0&-1\\0&1&0\end{pmatrix}$，且矩阵$\boldsymbol{X}$满足$\boldsymbol{X}-\boldsymbol{X}\boldsymbol{A}^2-\boldsymbol{A}\boldsymbol{X}+\boldsymbol{A}\boldsymbol{X}\boldsymbol{A}^2=\boldsymbol{E}$，$\boldsymbol{E}$为3阶单位阵，求$\boldsymbol{X}$.

7. 设矩阵 $\boldsymbol{A}=\begin{pmatrix}1 & -1\\ 2 & 3\end{pmatrix}$，$\boldsymbol{B}=\boldsymbol{A}^2-3\boldsymbol{A}+2\boldsymbol{E}$，求 $\boldsymbol{B}^{-1}$.

8. 设 $\boldsymbol{A}$ 为 n 阶对称矩阵且 $\boldsymbol{A}$ 可逆，并满足 $(\boldsymbol{A}-\boldsymbol{B})^2=\boldsymbol{E}$，化简 $(\boldsymbol{E}+\boldsymbol{A}^{-1}\boldsymbol{B}^{\mathrm{T}})^{\mathrm{T}}(\boldsymbol{E}-\boldsymbol{B}\boldsymbol{A}^{-1})^{-1}$.

9. 设 $\boldsymbol{AP}=\boldsymbol{PB}$，其中 $\boldsymbol{B}=\begin{pmatrix}1 & 0 & 0\\0 & 0 & 0\\0 & 0 & -1\end{pmatrix}$，$\boldsymbol{P}=\begin{pmatrix}1 & 0 & 0\\2 & -1 & 0\\2 & 1 & 1\end{pmatrix}$，求 $\boldsymbol{A}^5$.

10. 解矩阵方程 $\boldsymbol{XA}=\boldsymbol{B}$，其中 $\boldsymbol{A}=\begin{pmatrix}1 & -1 & 1\\1 & 1 & 0\\2 & 1 & 1\end{pmatrix}$，$\boldsymbol{B}=\begin{pmatrix}1 & 2 & -3\\2 & 0 & 4\\0 & -1 & 5\end{pmatrix}$.

11. 设 $\boldsymbol{A}=\begin{pmatrix}1 & 1 & 1\\ 1 & 1 & -1\\ 1 & -1 & 1\end{pmatrix}$，$\boldsymbol{B}=\begin{pmatrix}1 & 2 & 3\\ -1 & -2 & 4\\ 0 & 5 & 1\end{pmatrix}$，求 $3\boldsymbol{AB}-2\boldsymbol{A}$ 及 $\boldsymbol{A}^{\mathrm{T}}\boldsymbol{B}$.

12. 设 $\boldsymbol{P}^{\mathrm{T}}\boldsymbol{AP}=\boldsymbol{\Lambda}$，求 $\boldsymbol{A}^{10}$，其中 $\boldsymbol{\Lambda}=\begin{pmatrix}-1 & 0 & 0\\ 0 & -1 & 0\\ 0 & 0 & 1\end{pmatrix}$，$\boldsymbol{P}=\begin{pmatrix}\frac{2}{3} & \frac{2}{3} & \frac{1}{3}\\ \frac{2}{3} & -\frac{1}{3} & -\frac{2}{3}\\ \frac{1}{3} & -\frac{2}{3} & \frac{2}{3}\end{pmatrix}$.

13. 设矩阵 $\boldsymbol{A}=\begin{pmatrix}1&0&0&0&0\\0&1&0&0&0\\-1&2&1&0&0\\1&1&0&1&0\\0&1&0&0&1\end{pmatrix}$，$\boldsymbol{B}=\begin{pmatrix}1&0&0&0\\-1&0&0&0\\0&1&3&-1\\0&2&1&4\\0&1&2&1\end{pmatrix}$，求 $\boldsymbol{AB}$.

14. 设矩阵 $\boldsymbol{A}=\begin{pmatrix}1&0&2&3\\0&1&1&4\\0&0&1&0\\0&0&0&-1\end{pmatrix}$，$\boldsymbol{B}=\begin{pmatrix}1&0&0&0\\0&1&0&0\\6&3&1&2\\0&-2&2&0\end{pmatrix}$，求 $\boldsymbol{AB}$.

15. 设 n 阶方阵 $\boldsymbol{A}=\begin{pmatrix} 0 & a_1 & 0 & \cdots & 0 \\ 0 & 0 & a_2 & \cdots & 0 \\ \vdots & \vdots & \vdots & & \vdots \\ 0 & 0 & 0 & \cdots & a_{n-1} \\ a_n & 0 & 0 & \cdots & 0 \end{pmatrix}$，其中 $a_i \neq 0$，$i=1, 2, \cdots, n$，求 $\boldsymbol{A}^{-1}$.

16. 设 n 阶方阵 $\boldsymbol{A}=\begin{pmatrix} 0 & \cdots & 0 & a_1 & 0 \\ 0 & \cdots & a_2 & 0 & 0 \\ \vdots & & 0 & \vdots & \vdots \\ a_{n-1} & \cdots & 0 & 0 & 0 \\ 0 & \cdots & 0 & 0 & a_n \end{pmatrix}$，其中 $a_i \neq 0$，$i=1, 2, \cdots, n$，求 $\boldsymbol{A}^{-1}$.

17. 用初等变换化矩阵 $\boldsymbol{A}=\begin{pmatrix}0 & 3 & -6 & 2\\ 1 & -7 & 8 & -1\\ 1 & -9 & 12 & 1\end{pmatrix}$ 为行最简形矩阵和标准形矩阵.

18. 设 $\boldsymbol{A}=\begin{pmatrix}1 & 1 & 1\\ 2 & 1 & 0\\ 1 & -1 & 0\end{pmatrix}$，用初等变换法求 $\boldsymbol{A}^{-1}$.

19. 解非齐次线性方程组$\begin{cases}-x-y+3z+w=-1\\3x-y-z+9w=7\\x+5y-11z-13w=-3\end{cases}$.

20. 设$\boldsymbol{A}=\begin{pmatrix}1&1&4&0\\0&1&2&0\\2&-1&3&0\end{pmatrix}$，$\boldsymbol{B}=\begin{pmatrix}1&2&1&0\\1&3&0&2\\0&1&2&3\end{pmatrix}$，矩阵 $\boldsymbol{A}$ 和 $\boldsymbol{B}$ 是否等价？

21. 设$\boldsymbol{A}=\begin{pmatrix}1 & a\\ 1 & 0\end{pmatrix}$，$\boldsymbol{B}=\begin{pmatrix}0 & 1\\ 1 & b\end{pmatrix}$，求出当$a$、$b$为何值时，存在矩阵$\boldsymbol{C}$，使得$\boldsymbol{AC}-\boldsymbol{CA}=\boldsymbol{B}$，并求所有矩阵$\boldsymbol{C}$.

22. 已知$\boldsymbol{A}=\begin{pmatrix}1 & 2 & -3\\ 0 & 1 & 2\\ 0 & 0 & 1\end{pmatrix}$和$\boldsymbol{B}=\begin{pmatrix}1 & 2 & 0\\ 0 & 1 & 2\\ 0 & 0 & 1\end{pmatrix}$满足$(2\boldsymbol{E}-\boldsymbol{A}^{-1}\boldsymbol{B})\boldsymbol{C}^{\mathrm{T}}=\boldsymbol{A}^{-1}$，求矩阵$\boldsymbol{C}$.

23. 用初等行变换把矩阵 $\boldsymbol{A}=\begin{pmatrix} 0 & 1 & 7 & 8 \\ 1 & 3 & 3 & 8 \\ -2 & -5 & 1 & -8 \end{pmatrix}$ 化成阶梯形矩阵 $\boldsymbol{M}$，并求初等矩阵 $\boldsymbol{P}_1$、$\boldsymbol{P}_2$、$\boldsymbol{P}_3$，使 $\boldsymbol{A}$ 可以写成 $\boldsymbol{A}=\boldsymbol{P}_1\boldsymbol{P}_2\boldsymbol{P}_3\boldsymbol{M}$.

24. 设 $\boldsymbol{A}=\begin{pmatrix} 1 & 2 & 3 \\ 2 & 1 & 2 \\ 3 & 3 & 5 \\ 1 & -1 & -1 \\ 4 & 2 & 4 \end{pmatrix}$，求可逆矩阵 $\boldsymbol{P}$、$\boldsymbol{Q}$，使 $\boldsymbol{PAQ}$ 为 $\boldsymbol{A}$ 的等价标准形.

25. 设矩阵 $\boldsymbol{A}=\begin{pmatrix}1&0&0\\1&1&0\\1&1&1\end{pmatrix}$，$\boldsymbol{B}=\begin{pmatrix}0&1&1\\1&0&1\\1&1&0\end{pmatrix}$，且矩阵 $\boldsymbol{X}$ 满足 $\boldsymbol{AXA}+\boldsymbol{BXB}=\boldsymbol{AXB}+\boldsymbol{BXA}+\boldsymbol{E}$，其中 $\boldsymbol{E}$ 是 3 阶单位矩阵，求 $\boldsymbol{X}$.

26. 利用初等变换求解矩阵方程 $\begin{pmatrix}1&0&1\\-1&1&1\\2&-1&1\end{pmatrix}\boldsymbol{X}=\begin{pmatrix}0&1\\1&1\\-1&0\end{pmatrix}$.

27. 解矩阵方程 $X\begin{pmatrix}1 & 0 & 5\\1 & 1 & 2\\1 & 2 & 5\end{pmatrix}=\begin{pmatrix}1 & 1 & 2\\0 & 0 & -6\end{pmatrix}$.

28. 设 $P=\begin{pmatrix}-1 & 1 & 1\\1 & 0 & 2\\1 & 1 & -1\end{pmatrix}$, $\Lambda=\begin{pmatrix}1 & & \\ & 2 & \\ & & -3\end{pmatrix}$, $AP=P\Lambda$, 求 $\varphi(A)=A^3+2A^2-3A$.

29. 求解矩阵方程 $\boldsymbol{AX}=\boldsymbol{B}$，其中 $\boldsymbol{A}=\begin{pmatrix} 2 & 1 & -3 \\ 1 & 2 & -2 \\ -1 & 3 & 2 \end{pmatrix}$，$\boldsymbol{B}=\begin{pmatrix} 1 & -1 \\ 2 & 0 \\ -2 & 5 \end{pmatrix}$.

30. 设 $\boldsymbol{A}$ 是 n 阶方阵，$\boldsymbol{E}+\boldsymbol{A}$ 可逆，其中 $\boldsymbol{E}$ 是 n 阶单位矩阵，证明：

(1) $(\boldsymbol{E}-\boldsymbol{A})(\boldsymbol{E}+\boldsymbol{A})^{-1}=(\boldsymbol{E}+\boldsymbol{A})^{-1}(\boldsymbol{E}-\boldsymbol{A})$；

(2) 若 $\boldsymbol{A}$ 是反对称矩阵，则 $(\boldsymbol{E}-\boldsymbol{A})(\boldsymbol{E}+\boldsymbol{A})^{-1}$ 是正交矩阵；

(3) 若 $\boldsymbol{A}$ 是正交矩阵，则 $(\boldsymbol{E}-\boldsymbol{A})(\boldsymbol{E}+\boldsymbol{A})^{-1}$ 是反对称矩阵.

31. 设矩阵 $\boldsymbol{A}=\begin{pmatrix}1 & -1 & -1 & -1\\ -1 & 1 & -1 & -1\\ -1 & -1 & 1 & -1\\ -1 & -1 & -1 & 1\end{pmatrix}$，$n$ 为正整数，求 $\boldsymbol{A}^n$.

32. 设 n 阶矩阵 $\boldsymbol{A}$ 和 $\boldsymbol{B}$ 满足条件 $\boldsymbol{A}+\boldsymbol{B}=\boldsymbol{AB}$，证明：

（1）$\boldsymbol{A}-\boldsymbol{E}$ 为可逆矩阵，其中 $\boldsymbol{E}$ 为 n 阶单位矩阵；

（2）$\boldsymbol{AB}=\boldsymbol{BA}$；

（3）已知 $\boldsymbol{B}=\begin{pmatrix}1 & -3 & 0\\ 2 & 1 & 0\\ 0 & 0 & 2\end{pmatrix}$，求矩阵 $\boldsymbol{A}$.

33. 设 $\boldsymbol{D}=\begin{pmatrix}\boldsymbol{A} & \boldsymbol{B}\\ \boldsymbol{O} & \boldsymbol{C}\end{pmatrix}$，其中 $\boldsymbol{A}$、$\boldsymbol{C}$ 为可逆方阵，求$\boldsymbol{D}^{-1}$.

34. 求矩阵 $\boldsymbol{A}=\begin{pmatrix}1 & 1 & \cdots & 1\\ 0 & 1 & \cdots & 1\\ \vdots & \vdots & & \vdots\\ 0 & 0 & \cdots & 1\end{pmatrix}$的逆矩阵.

35. 解方程组 $\begin{cases}\boldsymbol{AX}+\boldsymbol{BY}=\boldsymbol{M}\\ \boldsymbol{CX}+\boldsymbol{DY}=\boldsymbol{N}\end{cases}$，其中 $\boldsymbol{A}=\begin{pmatrix}2 & 1\\ 1 & 2\end{pmatrix}$，$\boldsymbol{B}=\begin{pmatrix}3 & 2\\ 1 & 1\end{pmatrix}$，$\boldsymbol{C}=\begin{pmatrix}0 & -1\\ 2 & -3\end{pmatrix}$，$\boldsymbol{D}=\begin{pmatrix}2 & 3\\ -6 & -13\end{pmatrix}$，$\boldsymbol{M}=\begin{pmatrix}9 & 4\\ 4 & 3\end{pmatrix}$，$\boldsymbol{N}=\begin{pmatrix}1 & -2\\ 6 & 4\end{pmatrix}$.

第 3 章　矩阵的秩与线性方程组

一、选择题

思维导图

1. 设 $\boldsymbol{A}$ 是 n 阶方阵，若 $r(\boldsymbol{A})=r$，则(　　).

A. $\boldsymbol{A}$ 中所有 r 阶子式都不为零

B. $\boldsymbol{A}$ 中所有 r 阶子式都为零

C. $\boldsymbol{A}$ 中至少有一个 $r+1$ 阶子式不为零

D. $\boldsymbol{A}$ 中至少有一个 r 阶子式不为零

2. 设 3 阶方阵 $\boldsymbol{A}$ 的秩为 2，则与 $\boldsymbol{A}$ 等价的矩阵为 (　　).

A. $\begin{pmatrix}1&1&1\\0&0&0\\0&0&0\end{pmatrix}$　　B. $\begin{pmatrix}1&1&1\\0&1&1\\0&0&0\end{pmatrix}$　　C. $\begin{pmatrix}1&1&1\\2&2&2\\0&0&0\end{pmatrix}$　　D. $\begin{pmatrix}1&1&1\\2&2&2\\3&3&3\end{pmatrix}$

3. n 阶方阵 $\boldsymbol{A}$ 可逆的充分必要条件是(　　).

A. $r(\boldsymbol{A})=r<n$　　B. $\boldsymbol{A}$ 的列秩为 n

C. $\boldsymbol{A}$ 的每一个行向量都是非零向量　　D. 伴随矩阵存在

4. 设 $\boldsymbol{A}$ 为 $m\times n$ 阶矩阵，秩$(\boldsymbol{A})=r<m<n$，则(　　).

A. $\boldsymbol{A}$ 中 r 阶子式不全为零　　B. $\boldsymbol{A}$ 中阶数小于 r 的子式全为零

C. $\boldsymbol{A}$ 经初等行变换可化为$\begin{pmatrix}\boldsymbol{E}_r&\boldsymbol{O}\\\boldsymbol{O}&\boldsymbol{O}\end{pmatrix}$　　D. $\boldsymbol{A}$ 为满秩矩阵

5. 设矩阵 $\boldsymbol{A}$、$\boldsymbol{B}$、$\boldsymbol{C}$、$\boldsymbol{D}$ 满足 $\boldsymbol{C}=\boldsymbol{AB}$，$\boldsymbol{D}=\boldsymbol{BA}$，且矩阵 $\boldsymbol{B}$ 为可逆矩阵，则(　　).

A. $R(\boldsymbol{C})<R(\boldsymbol{A})$且 $R(\boldsymbol{D})<R(\boldsymbol{A})$　　B. $R(\boldsymbol{C})=R(\boldsymbol{B})$且 $R(\boldsymbol{D})=R(\boldsymbol{B})$

C. $R(\boldsymbol{C})=R(\boldsymbol{A})$且 $R(\boldsymbol{D})=R(\boldsymbol{A})$　　D. $R(\boldsymbol{C})=R(\boldsymbol{B})$且 $R(\boldsymbol{D})=R(\boldsymbol{A})$

6. 设 3 阶矩阵 $\boldsymbol{A}$ 的秩为 3，则其伴随矩阵 $\boldsymbol{A}^*$ 的秩为(　　).

A. 0　　B. 1　　C. 2　　D. 3

7. 设矩阵 $\boldsymbol{A}$、$\boldsymbol{B}$ 都是 n 阶矩阵，且 $\boldsymbol{AB}=\boldsymbol{O}$，则矩阵 $\boldsymbol{A}$ 和 $\boldsymbol{B}$ 的秩(　　).

A. 至少有一个为 0　　B. 都小于 n

C. 一个是 0 一个是 n　　D. 它们的和不大于 n

8. 非齐次线性方程组 $\boldsymbol{Ax}=\boldsymbol{b}$，其中 $\boldsymbol{A}$ 是 $m\times n$ 矩阵，且 $R(\boldsymbol{A})=r$，则(　　).

A. 当 $m=n$ 时方程组必有解　　B. 当 $m=r$ 时方程组必有解

C. 当 $m<n$ 时方程组必有解　　D. 当 $m>n$ 时方程组必无解

9. 非齐次线性方程组 $\boldsymbol{Ax}=\boldsymbol{b}$，其中 $\boldsymbol{A}$ 是 $m\times n$ 矩阵，且 $R(\boldsymbol{A})=r$，则(　　).

A. 当 $n=r$ 时方程组有唯一解　　B. 当 $R(\boldsymbol{A},\ \boldsymbol{b})=r+1$ 时方程组无解

C. 当 $m<n$ 时方程组有无穷多解　　D. 当 $m>n$ 时方程组无解

*10. 设 $\boldsymbol{A}$ 是 $m\times n$ 矩阵，$\boldsymbol{B}$ 是 $n\times m$ 矩阵，则线性方程组$(\boldsymbol{BA})\boldsymbol{x}=\boldsymbol{0}$(　　).

A. 当 $m>n$ 时只有零解　　B. 当 $m<n$ 时只有零解

C. 当 $m>n$ 时有非零解　　D. 当 $m<n$ 时有非零解

11. 设 $\boldsymbol{A}$ 为 n 阶方阵，$\boldsymbol{b}$ 是非零 n 维列向量，分析以下命题并确定(　　)：

① 若 $\boldsymbol{Ax}=\boldsymbol{b}$ 有唯一解，则 $\boldsymbol{Ax}=\boldsymbol{0}$ 只有零解；

② 若 $\boldsymbol{Ax}=\boldsymbol{b}$ 有无穷组解，则 $\boldsymbol{Ax}=\boldsymbol{0}$ 有非零解；

③ 若 $\boldsymbol{Ax}=\boldsymbol{0}$ 只有零解，则 $\boldsymbol{Ax}=\boldsymbol{b}$ 有唯一解；

④ 若 $\boldsymbol{Ax}=\boldsymbol{0}$ 有非零解，则 $\boldsymbol{Ax}=\boldsymbol{b}$ 有无穷多组解.

A. 只有①正确　　B. 只有①和②正确

C. 只有①、②和③正确　　D. 4 个命题都正确

12. 设 $\boldsymbol{A}$ 为 $m\times n$ 矩阵，$\boldsymbol{b}$ 是非零 m 维列向量，分析以下 4 个命题并确定(　　).

① 若 $\boldsymbol{Ax}=\boldsymbol{b}$ 有唯一解，则 $\boldsymbol{Ax}=\boldsymbol{0}$ 只有零解；

② 若 $\boldsymbol{Ax}=\boldsymbol{b}$ 有无穷组解，则 $\boldsymbol{Ax}-\boldsymbol{0}$ 有非零解；

③ 若 $\boldsymbol{Ax}=\boldsymbol{0}$ 只有零解，则 $\boldsymbol{Ax}=\boldsymbol{b}$ 有唯一解；

④ 若 $\boldsymbol{Ax}=\boldsymbol{0}$ 有非零解，则 $\boldsymbol{Ax}=\boldsymbol{b}$ 有无穷多组解.

A. 只有①正确　　B. 只有①和②正确

C. 只有①、②和③正确　　D. 4 个命题都正确

13. 方程组 $\begin{cases} x_1+2x_2-x_3=4 \\ x_2+2x_3=2 \\ (\lambda-2)x_3=-(\lambda-3)(\lambda-4)(\lambda-1) \end{cases}$ 无解的充分条件是 $\lambda=$(　　).

A. 1　　B. 2　　C. 3　　D. 4

14. 方程组 $\begin{cases} x_1+x_2+x_3=\lambda-1 \\ 2x_2-x_3=\lambda-2 \\ x_3=\lambda-4 \\ (\lambda-1)x_3=-(\lambda-3)(\lambda-1) \end{cases}$ 有唯一解的充分条件是 $\lambda=$(　　).

A. 1　　B. 2　　C. 3　　D. 4

15. 方程组 $\begin{cases} x_1+2x_2-x_3=\lambda-1 \\ 3x_2-x_3=\lambda-2 \\ \lambda x_2-x_3=(\lambda-3)(\lambda-4)+(\lambda-2) \end{cases}$ 有无穷解的充分条件是 $\lambda=$(　　).

A. 1　　B. 2　　C. 3　　D. 4

二、填空题

1. 已知矩阵 $\boldsymbol{A}=\begin{pmatrix} k & 2 & 2 & 2 \\ 2 & k & 2 & 2 \\ 2 & 2 & k & 2 \\ 2 & 2 & 2 & k \end{pmatrix}$，且 $R(\boldsymbol{A})=3$，则 $k=$________.

2. 已知矩阵 $\boldsymbol{A}=\begin{pmatrix} 1 & 2 & 3 \\ 2 & 4 & t \\ 3 & 6 & 9 \end{pmatrix}$，$\boldsymbol{B}$ 为 3 阶矩阵，且 $\boldsymbol{AB}=\boldsymbol{O}$，那么当 $t\neq 6$ 时，$R(\boldsymbol{B})$______；

当 $t=6$ 时，$R(\boldsymbol{B})$________.

3. 已知 $R(\boldsymbol{B})=1$，且 $\boldsymbol{A}=\begin{pmatrix}1 & 2 & 3\\ 3 & 2 & 1\\ 3 & 6 & -9\end{pmatrix}$，则 $R(\boldsymbol{AB})=$________.

*4. 非零矩阵 $\begin{pmatrix}a_1b_1 & a_1b_2 & \cdots & a_1b_n\\ a_2b_1 & a_2b_2 & \cdots & a_2b_n\\ \vdots & \vdots & & \vdots\\ a_nb_1 & a_nb_2 & \cdots & a_nb_n\end{pmatrix}$ 的秩为________.

5. 设 4 阶方阵 $\boldsymbol{A}$ 的秩为 2，则其伴随矩阵 $\boldsymbol{A}^*$ 的秩为________.

6. 设 $\boldsymbol{A}$ 为 $m\times n$ 矩阵，$\boldsymbol{B}$ 为 $n\times m$ 矩阵，当________时，方程组 $(\boldsymbol{AB})\boldsymbol{x}=\boldsymbol{0}$ 一定有非零解.（填写 m 与 n 的关系式）

7. 设 $\boldsymbol{A}$ 是 n 阶矩阵，若对任意 n 维列向量 $\boldsymbol{b}$，线性方程组 $\boldsymbol{Ax}=\boldsymbol{b}$ 均有解，则矩阵 $\boldsymbol{A}$ 的秩是________.

8. 已知矩阵 $\boldsymbol{A}$ 和 $\boldsymbol{B}$ 同型，那么（填写“$\geqslant$”“$\leqslant$”或“$=$”）：

(1) 若方程组 $\boldsymbol{Ax}=\boldsymbol{0}$ 与 $\boldsymbol{Bx}=\boldsymbol{0}$ 同解，则 $R(\boldsymbol{A})$________$R(\boldsymbol{B})$.

(2) 若方程组 $\boldsymbol{Ax}=\boldsymbol{0}$ 的解都是 $\boldsymbol{Bx}=\boldsymbol{0}$ 的解，则 $R(\boldsymbol{A})$________$R(\boldsymbol{B})$.

9. 已知 $\boldsymbol{A}=\begin{pmatrix}1 & 2 & -2\\ 4 & t & 3\\ 3 & -1 & 1\end{pmatrix}$，$\boldsymbol{B}$ 为 3 阶非零矩阵，且 $\boldsymbol{AB}=\boldsymbol{O}$，则 $t=$________.

10. 已知 $\boldsymbol{A}=\begin{pmatrix}1 & 1 & 1 & \cdots & 1\\ a_1 & a_2 & a_3 & \cdots & a_n\\ a_1^2 & a_2^2 & a_3^2 & \cdots & a_n^2\\ \vdots & \vdots & \vdots & & \vdots\\ a_1^{n-1} & a_2^{n-1} & a_3^{n-1} & \cdots & a_n^{n-1}\end{pmatrix}$，$\boldsymbol{x}=\begin{pmatrix}x_1\\ x_2\\ x_3\\ \vdots\\ x_n\end{pmatrix}$，$\boldsymbol{b}=\begin{pmatrix}1\\ 1\\ 1\\ \vdots\\ 1\end{pmatrix}$，

其中 $a_i(i=1,2,\cdots,n)$ 各不相同。则线性方程组 $\boldsymbol{A}^{\mathrm{T}}\boldsymbol{x}=\boldsymbol{b}$ 的解是________.

11. 设 $\boldsymbol{A}$ 为 100 阶矩阵，且对任何 100 维非零列向量 $\boldsymbol{x}$，均有 $\boldsymbol{Ax}\neq\boldsymbol{0}$，则 $\boldsymbol{A}$ 的秩为________.

12. 线性方程组 $\begin{cases}kx_1+2x_2+x_3=0\\ 2x_1+kx_2=0\\ x_1-x_2+x_3=0\end{cases}$ 仅有零解的充分必要条件是________________.

13. 设 $\boldsymbol{x}_1$，$\boldsymbol{x}_2$，$\cdots$，$\boldsymbol{x}_s$ 和 $c_1\boldsymbol{x}_1+c_2\boldsymbol{x}_2+\cdots+c_s\boldsymbol{x}_s$ 均为非齐次线性方程组 $\boldsymbol{Ax}=\boldsymbol{b}$ 的解（c_1，c_2，$\cdots$，c_s 为常数），则 $c_1+c_2+\cdots+c_s=$________.

14. 若线性方程组 $\boldsymbol{A}_{m\times n}\boldsymbol{x}=\boldsymbol{b}$ 的系数矩阵的秩为 m，则其增广矩阵的秩为________.

15. 如果 n 阶方阵 $\boldsymbol{A}$ 的各行元素之和均为 0，且 $r(\boldsymbol{A})=n-1$，则线性方程组 $\boldsymbol{Ax}=\boldsymbol{0}$ 的通解为________.

16. 设 $\boldsymbol{A}=\begin{pmatrix}1 & 2 & 1\\ 2 & 3 & a+2\\ 1 & a & -2\end{pmatrix}$，$\boldsymbol{b}=\begin{pmatrix}1\\ 3\\ 0\end{pmatrix}$，$\boldsymbol{x}=\begin{pmatrix}x_1\\ x_2\\ x_3\end{pmatrix}$，若线性方程组 $\boldsymbol{Ax}=\boldsymbol{b}$ 无解，则 $a=$________.

17. n 阶方阵 $\boldsymbol{A}$，对于 $\boldsymbol{A}\boldsymbol{x}=\boldsymbol{0}$，若每个 n 维列向量都是解，则 $r(\boldsymbol{A})=$ ________.

三、计算证明题

1. 求矩阵 $\boldsymbol{A}=\begin{pmatrix}1 & 2 & 3\\ 2 & 3 & -5\\ 4 & 7 & 1\end{pmatrix}$ 的秩.

2. 求矩阵 $\boldsymbol{A}=\begin{pmatrix}1 & -2 & 1 & -4 & 2\\ 0 & 1 & -1 & 3 & 1\\ 2 & -4 & 4 & 10 & -4\\ 4 & -7 & 4 & -4 & 5\end{pmatrix}$ 的秩.

3. 设 $\boldsymbol{A}=\begin{pmatrix} 1 & -2 & 3k \\ -1 & 2k & -3 \\ k & -2 & 3 \end{pmatrix}$，问 k 为何值时，可使：

(1) $R(\boldsymbol{A})=1$；(2) $R(\boldsymbol{A})=2$；(3) $R(\boldsymbol{A})=3$.

4. 已知 $\boldsymbol{A}=\begin{pmatrix} x & 1 & 1 \\ 1 & x & 1 \\ 1 & 1 & x \end{pmatrix}$，讨论 $\boldsymbol{A}$ 的秩.

5. 求下列矩阵的秩，并求一个最高阶非零子式：

(1) $\begin{pmatrix} 3 & 1 & 0 & 2 \\ 1 & -1 & 2 & -1 \\ 1 & 3 & -4 & 4 \end{pmatrix}$；　　(2) $\begin{pmatrix} 2 & 1 & 8 & 3 & 7 \\ 2 & -3 & 0 & 7 & -5 \\ 3 & -2 & 5 & 8 & 0 \\ 1 & 0 & 3 & 2 & 0 \end{pmatrix}$.

*6. 设 $\boldsymbol{A}$、$\boldsymbol{B}$ 都是 $m\times n$ 矩阵，证明 $\boldsymbol{A}\to\boldsymbol{B}$ 的充分必要条件是 $R(\boldsymbol{A})=R(\boldsymbol{B})$.

7. 证明 $R(\boldsymbol{A})=1$ 的充分必要条件是存在非零列向量 $\boldsymbol{a}$ 及非零行向量 $\boldsymbol{b}^{\mathrm{T}}$，使 $\boldsymbol{A}=\boldsymbol{a}\boldsymbol{b}^{\mathrm{T}}$.

8. 设 $\boldsymbol{A}$、$\boldsymbol{B}$ 是 $m\times n$ 矩阵，证明 $r(\boldsymbol{A}\pm\boldsymbol{B})\leqslant r(\boldsymbol{A})+r(\boldsymbol{B})$.

$*$9. 设 $\boldsymbol{A}$、$\boldsymbol{B}$ 都是 n 阶方阵，$\boldsymbol{E}$ 是 n 阶单位矩阵，证明：

$$r(\boldsymbol{AB}-\boldsymbol{E})\leqslant r(\boldsymbol{A}-\boldsymbol{E})+r(\boldsymbol{B}-\boldsymbol{E})$$

10. 设 n 阶矩阵 $\boldsymbol{A}$ 满足 $\boldsymbol{A}^2=\boldsymbol{A}$，$\boldsymbol{E}$ 为 n 阶单位矩阵，证明：$r(\boldsymbol{A})+r(\boldsymbol{A}-\boldsymbol{E})=n$.

11. 设 $\boldsymbol{A}$ 为 n 阶矩阵($n\geqslant 2$)，$\boldsymbol{A}^*$ 为 $\boldsymbol{A}$ 的伴随阵，证明 $r(\boldsymbol{A}^*)=\begin{cases} n & (r(\boldsymbol{A})=n) \\ 1 & (r(\boldsymbol{A})=n-1) \\ 0 & (r(\boldsymbol{A})\leqslant n-2) \end{cases}$.

12. 求解下列齐次线性方程组：

(1) $\begin{cases} x_1+x_2+2x_3-x_4=0 \\ 2x_1+x_2+x_3-x_4=0 \\ 2x_1+2x_2+x_3+2x_4=0 \end{cases}$；　(2) $\begin{cases} x_1+2x_2+x_3-x_4=0 \\ 3x_1+6x_2-x_3-3x_4=0 \\ 5x_1+10x_2+x_3-5x_4=0 \end{cases}$.

13. 求解下列非齐次线性方程组：

(1) $\begin{cases} 4x_1+2x_2-x_3=2 \\ 3x_1-x_2+2x_3=10 \\ 11x_1+3x_2=8 \end{cases}$；　(2) $\begin{cases} 2x_1+x_2-x_3+x_4=1 \\ 4x_1+2x_2-2x_3+x_4=2 \\ 2x_1+x_2-x_3-x_4=1 \end{cases}$.

14. 设线性方程组$\begin{cases}x_1+x_2+x_3=0\\x_1+2x_2+ax_3=0\\x_1+4x_2+a^2x_3=0\end{cases}$与方程 $x_1+2x_2+x_3=a-1$ 有公共解，求 a 的值及所有公共解.

15. 设 λ、μ 为参数，线性方程组$\begin{cases}\lambda x_1+x_2+x_3=4\\x_1+\mu x_2+x_3=3\\x_1+2\mu x_2+x_3=4\end{cases}$何时有唯一解？何时无解？何时有无穷多解？在有无穷多解时，求出通解.

16. 设 $\boldsymbol{A}=\begin{pmatrix}1&-2&3&4\\0&1&-1&1\\1&2&0&3\end{pmatrix}$，$\boldsymbol{E}$ 为 3 阶单位矩阵.

(1) 求方程组 $\boldsymbol{Ax}=\boldsymbol{0}$ 的通解；

(2) 求矩阵方程 $\boldsymbol{Ax}=\boldsymbol{E}$ 的所有解.

$*$17. 设矩阵 $\boldsymbol{A}=\begin{pmatrix}1 & 1 & 1-a\\ 1 & 0 & a\\ a+1 & 1 & a+1\end{pmatrix}$，$\boldsymbol{b}=\begin{pmatrix}0\\ 1\\ 2a-2\end{pmatrix}$，当 a 为何值时，线性方程组 $\boldsymbol{Ax}=\boldsymbol{b}$ 有唯一解、无解、无穷多解？在无解时求线性方程组 $\boldsymbol{A}^{\mathrm{T}}\boldsymbol{Ax}=\boldsymbol{A}^{\mathrm{T}}\boldsymbol{b}$ 的通解.

$*$18. $\boldsymbol{A}$ 是 $m\times n$ 矩阵，证明 $R(\boldsymbol{A})=m$ 的充要条件是存在 $n\times m$ 矩阵 $\boldsymbol{B}$，使得 $\boldsymbol{AB}=\boldsymbol{E}$.

19. 已知 3 阶非零矩阵 $\boldsymbol{B}$ 的每一列都是方程组$\begin{cases}x_1+2x_2-2x_3=0\\2x_1-x_2+\lambda x_3=0\\3x_1+x_2-x_3=0\end{cases}$的解.

(1) 求 λ 的值；(2) 证明 $|\boldsymbol{B}|=0$.

20. 写出一个以 $\boldsymbol{x}=c_1\begin{pmatrix}2\\-3\\1\\0\end{pmatrix}+c_2\begin{pmatrix}-2\\4\\0\\1\end{pmatrix}$为通解的齐次线性方程组.

21. 设 $\boldsymbol{A}$ 为 $m\times n$ 矩阵，若 $\boldsymbol{AX}=\boldsymbol{AY}$，且 $R(\boldsymbol{A})=n$，证明 $\boldsymbol{X}=\boldsymbol{Y}$.

第 5 章　相似矩阵

一、选择题

1. 若 n 阶方阵 $\boldsymbol{A}$ 的任一行元素之和都等于 a，则 $\boldsymbol{A}$ 应有一特征值为(　　).

A. a　　B. $-a$　　C. 1　　D. 0

思维导图

2. 设 $\boldsymbol{A}$ 为 4 阶对称矩阵，且 $\boldsymbol{A}^2+\boldsymbol{A}=\boldsymbol{O}$，若 $\boldsymbol{A}$ 的秩为 3，则 $\boldsymbol{A}$ 相似于(　　).

A. $\begin{pmatrix}1&&&\\&1&&\\&&1&\\&&&0\end{pmatrix}$　　B. $\begin{pmatrix}1&&&\\&1&&\\&&-1&\\&&&0\end{pmatrix}$

C. $\begin{pmatrix}1&&&\\&-1&&\\&&-1&\\&&&0\end{pmatrix}$　　D. $\begin{pmatrix}-1&&&\\&-1&&\\&&-1&\\&&&0\end{pmatrix}$

3. 设 $\boldsymbol{A}$、$\boldsymbol{B}$ 是可逆矩阵，且 $\boldsymbol{A}$ 与 $\boldsymbol{B}$ 相似，则下列结论错误的是(　　).

A. $\boldsymbol{A}^{\mathrm{T}}$ 与 $\boldsymbol{B}^{\mathrm{T}}$ 相似　　B. $\boldsymbol{A}^{-1}$ 与 $\boldsymbol{B}^{-1}$ 相似

C. $\boldsymbol{A}+\boldsymbol{A}^{\mathrm{T}}$ 与 $\boldsymbol{B}+\boldsymbol{B}^{\mathrm{T}}$ 相似　　D. $\boldsymbol{A}+\boldsymbol{A}^{-1}$ 与 $\boldsymbol{B}+\boldsymbol{B}^{-1}$ 相似

4. 设 $\boldsymbol{A}$ 为 3 阶矩阵，$\boldsymbol{P}$ 为 3 阶可逆矩阵，且 $\boldsymbol{P}^{-1}\boldsymbol{A}\boldsymbol{P}=\begin{pmatrix}1&&\\&1&\\&&2\end{pmatrix}$，$\boldsymbol{P}=(\boldsymbol{\alpha}_1,\boldsymbol{\alpha}_2,\boldsymbol{\alpha}_3)$，$\boldsymbol{Q}=(\boldsymbol{\alpha}_1+\boldsymbol{\alpha}_2,\boldsymbol{\alpha}_2,\boldsymbol{\alpha}_3)$，则 $\boldsymbol{Q}^{-1}\boldsymbol{A}\boldsymbol{Q}=$(　　).

A. $\begin{pmatrix}1&&\\&2&\\&&1\end{pmatrix}$　　B. $\begin{pmatrix}1&&\\&1&\\&&2\end{pmatrix}$

C. $\begin{pmatrix}2&&\\&1&\\&&2\end{pmatrix}$　　D. $\begin{pmatrix}2&&\\&2&\\&&1\end{pmatrix}$

5. 设 λ_1、λ_2 是 n 阶方阵 $\boldsymbol{A}$ 的两个特征值，$\boldsymbol{\alpha}_1$、$\boldsymbol{\alpha}_2$ 分别为与其对应的特征向量，则(　　).

A. 当 $\lambda_1=\lambda_2$ 时，$\boldsymbol{\alpha}_1$、$\boldsymbol{\alpha}_2$ 对应分量必成比例

B. 当 $\lambda_1=\lambda_2$ 时，$\boldsymbol{\alpha}_1$、$\boldsymbol{\alpha}_2$ 对应分量不成比例

C. 当 $\lambda_1\neq\lambda_2$ 时，$\boldsymbol{\alpha}_1$、$\boldsymbol{\alpha}_2$ 对应分量必成比例

D. 当 $\lambda_1 \neq \lambda_2$ 时，$\boldsymbol{\alpha}_1$、$\boldsymbol{\alpha}_2$ 对应分量不成比例

6. 设 λ_1、λ_2 是 n 阶方阵 $\boldsymbol{A}$ 的两个不同特征值，$\boldsymbol{\alpha}_1$、$\boldsymbol{\alpha}_2$ 分别为与其对应的特征向量，则(　　).

A. 对任意 $k_1 \neq 0$，$k_2 \neq 0$，$k_1\boldsymbol{\alpha}_1 + k_2\boldsymbol{\alpha}_2$ 都是 $\boldsymbol{A}$ 的特征向量

B. 存在常数 $k_1 \neq 0$，$k_2 \neq 0$，$k_1\boldsymbol{\alpha}_1 + k_2\boldsymbol{\alpha}_2$ 是 $\boldsymbol{A}$ 的特征向量

C. 当 $k_1 \neq 0$，$k_2 \neq 0$ 时，$k_1\boldsymbol{\alpha}_1 + k_2\boldsymbol{\alpha}_2$ 不可能是 $\boldsymbol{A}$ 的特征向量

D. 存在唯一的一组常数 $k_1 \neq 0$，$k_2 \neq 0$，使 $k_1\boldsymbol{\alpha}_1 + k_2\boldsymbol{\alpha}_2$ 是 $\boldsymbol{A}$ 的特征向量

7. 设 $\boldsymbol{\alpha}$ 是 n 阶方阵 $\boldsymbol{A}$ 的特征值 λ 对应的特征向量，则 $\boldsymbol{\alpha}$ 不是下面(　　)矩阵的特征向量.

A. $\boldsymbol{E}$　　B. $\boldsymbol{A}^3 + 3\boldsymbol{A}$　　C. $\boldsymbol{A}^{\mathrm{T}}$　　D. $\boldsymbol{A}^*$

8. 设 $\boldsymbol{A}$ 为 2 阶实对称矩阵，满足 $|\boldsymbol{A}| < 0$，$(1, -3)^{\mathrm{T}}$ 为其一个特征向量，则下列向量中必为 $\boldsymbol{A}$ 的特征向量的是(　　).

A. $k(-3, 1)^{\mathrm{T}}$，k 任意　　B. $k(3, 1)^{\mathrm{T}}$，$k \neq 0$

C. $k_1(-3, 1)^{\mathrm{T}} + k_2(1, 3)^{\mathrm{T}}$，$k_1k_2 \neq 0$　　D. $k_1(-3, 1)^{\mathrm{T}} + k_2(1, 3)^{\mathrm{T}}$，$k_1^2 + k_2^2 \neq 0$

9. 设 $\boldsymbol{A}$ 是 3 阶方阵，它有特征值 2，−3，6，则下列矩阵中可逆的是(　　).

A. $\boldsymbol{E} - 2\boldsymbol{A}$　　B. $3\boldsymbol{E} + \boldsymbol{A}$

C. $2\boldsymbol{A} - 6\boldsymbol{E}$　　D. $\boldsymbol{A} - 6\boldsymbol{E}$

10. 设 $\boldsymbol{A}$ 为 n 阶非零矩阵，满足 $\boldsymbol{A}^k = \boldsymbol{O}$，则下列命题不正确的是(　　).

A. $\boldsymbol{A}$ 的特征值只有 0　　B. $\boldsymbol{A}$ 必不相似于对角阵

C. $\boldsymbol{E} + \boldsymbol{A} + \cdots + \boldsymbol{A}^{k-1}$ 必不可逆　　D. $\boldsymbol{A}$ 只有一个线性无关的特征向量

11. 设 $\boldsymbol{A}$ 为 2 阶矩阵，$\boldsymbol{\alpha}_1$、$\boldsymbol{\alpha}_2$ 为线性无关的 2 维列向量，且 $\boldsymbol{A}\boldsymbol{\alpha}_1 = \boldsymbol{0}$，$\boldsymbol{A}\boldsymbol{\alpha}_2 = 2\boldsymbol{\alpha}_1 + \boldsymbol{\alpha}_2$，则 $\boldsymbol{A}$ 的非 0 特征值为(　　).

A. 1　　B. 2　　C. 3　　D. −1

12. 设矩阵 $\boldsymbol{B} = \begin{pmatrix} 0 & 0 & 1 \\ 0 & 1 & 0 \\ 1 & 0 & 0 \end{pmatrix}$，已知矩阵 $\boldsymbol{A}$ 相似于 $\boldsymbol{B}$，则 $r(\boldsymbol{A} - 2\boldsymbol{E})$ 与 $r(\boldsymbol{A} - \boldsymbol{E})$ 之和等于(　　).

A. 2　　B. 3　　C. 4　　D. 5

13. 设矩阵 $\boldsymbol{A}$ 与 $\boldsymbol{B}$ 相似，其中 $\boldsymbol{A} = \begin{pmatrix} 1 & 2 & 3 \\ -1 & x & 2 \\ 0 & 0 & 1 \end{pmatrix}$，已知矩阵 $\boldsymbol{B}$ 有特征值 1，2，3，则 $x =$(　　).

A. 4　　B. −3　　C. −4　　D. 3

14. 设矩阵 $\boldsymbol{A} = \begin{pmatrix} 0 & 0 & 1 \\ x & 1 & 0 \\ 1 & 0 & 0 \end{pmatrix}$ 可相似对角化，则 $x =$(　　).

A. 0　　B. −1　　C. 1　　D. 2

15. 设 3 阶实矩阵 $\boldsymbol{A}$ 的特征值为 1，2，3，矩阵 $\boldsymbol{A}$ 的对应于特征值 1，2 的特征向量分别为 $\boldsymbol{\alpha}_1 = (-1, -1, 1)$，$\boldsymbol{\alpha}_2 = (1, -2, 1)$，则矩阵 $\boldsymbol{A}$ 的对应于特征值 3 的特征向量为

(　　)，其中 k、l 为非零任意常数.

A. $k\boldsymbol{\alpha}_1+l\boldsymbol{\alpha}_2$　　B. $k\boldsymbol{\alpha}_1$ 或 $k\boldsymbol{\alpha}_2$　　C. $k\begin{pmatrix}1\\0\\1\end{pmatrix}$　　D. $k\begin{pmatrix}0\\-3\\2\end{pmatrix}$

二、填空题

1. 设 $\boldsymbol{A}$ 为 n 阶矩阵，$|\boldsymbol{A}|\neq 0$，若 $\boldsymbol{A}$ 有特征值 λ，则 $(\boldsymbol{A}^{\mathrm{T}})^2+\boldsymbol{E}$ 必有特征值________.

2. 设 4 阶矩阵 $\boldsymbol{A}$ 满足条件 $|3\boldsymbol{E}+\boldsymbol{A}|=0$，$\boldsymbol{A}\boldsymbol{A}^{\mathrm{T}}=2\boldsymbol{E}$，$|\boldsymbol{A}|<0$，则方阵 $\boldsymbol{A}$ 的伴随矩阵 $\boldsymbol{A}^*$ 的一个特征值为________.

3. 若 3 阶矩阵 $\boldsymbol{A}$ 的特征值为 2，2，-1，$\boldsymbol{B}=\boldsymbol{A}^2-\boldsymbol{A}+\boldsymbol{E}$，其中 $\boldsymbol{E}$ 为 3 阶单位阵，则行列式 $|\boldsymbol{B}|=$________.

4. 设 $\boldsymbol{\alpha}=(1,1,1)^{\mathrm{T}}$，$\boldsymbol{\beta}=(1,0,\lambda)^{\mathrm{T}}$，若矩阵 $\boldsymbol{\alpha}\boldsymbol{\beta}^{\mathrm{T}}$ 相似于 $\begin{pmatrix}3&0&0\\0&0&0\\0&0&0\end{pmatrix}$，则 $\boldsymbol{\lambda}=$________.

5. 若 3 维列向量 $\boldsymbol{\alpha}$、$\boldsymbol{\beta}$ 满足 $\boldsymbol{\alpha}^{\mathrm{T}}\boldsymbol{\beta}=2$，其中 $\boldsymbol{\alpha}^{\mathrm{T}}$ 为 $\boldsymbol{\alpha}$ 的转置，则矩阵 $\boldsymbol{\beta}\boldsymbol{\alpha}^{\mathrm{T}}$ 的非零特征值为________.

6. 设 $\boldsymbol{\alpha}$ 为 n 维列向量，满足 $\boldsymbol{\alpha}^{\mathrm{T}}\boldsymbol{\alpha}=2$，则矩阵 $\boldsymbol{A}=2\boldsymbol{E}-\dfrac{1}{3}\boldsymbol{\alpha}\boldsymbol{\alpha}^{\mathrm{T}}$ 的一个特征值为________.

7. 若对角线元素全为零的 3 阶对称矩阵 $\boldsymbol{A}$ 的一个特征值为 2，对应的特征向量为 $(1,2-1)^{\mathrm{T}}$，则对称矩阵 $\boldsymbol{A}=$________.

8. 已知 $\boldsymbol{A}=\begin{pmatrix}2&x&2\\5&y&3\\-1&1&-1\end{pmatrix}$ 的特征值为 -1、1，且相似于对角阵，则 $x=$________，$y=$________.

9. 设 3 阶矩阵 $\boldsymbol{A}$ 的秩为 2，且 $\boldsymbol{A}\begin{pmatrix}1&1\\0&0\\-1&1\end{pmatrix}=\begin{pmatrix}-1&2\\0&0\\1&2\end{pmatrix}$，则 $\boldsymbol{A}$ 的非零特征值是________.

10. 若矩阵 $\boldsymbol{A}=\begin{pmatrix}2&0&0\\0&0&1\\0&1&x\end{pmatrix}$ 与 $\boldsymbol{B}=\begin{pmatrix}2&0&0\\0&y&0\\0&0&-1\end{pmatrix}$ 相似，则 $x=$________，$y=$________.

三、计算题

1. 求下列矩阵的特征值和特征向量.

(1) $\begin{pmatrix}1&2&3\\2&1&3\\3&3&6\end{pmatrix}$；　(2) $\begin{pmatrix}2&-1&2\\5&-3&3\\-1&0&-2\end{pmatrix}$；　(3) $\begin{bmatrix}0&0&0&1\\0&0&1&0\\0&1&0&0\\1&0&0&0\end{bmatrix}$；

(4) $\begin{bmatrix} 1 & 2 & 3 & 4 \\ 0 & 1 & 2 & 3 \\ 0 & 0 & 1 & 2 \\ 0 & 0 & 0 & 1 \end{bmatrix}$；(5) $\boldsymbol{A}=\begin{bmatrix} 0 & 1 & 1 & -1 \\ 1 & 0 & -1 & 1 \\ 1 & -1 & 0 & 1 \\ -1 & 1 & 1 & 0 \end{bmatrix}$.

2. 已知矩阵 $\boldsymbol{A}=\begin{pmatrix} 7 & 4 & -1 \\ 4 & 7 & -1 \\ -4 & -4 & x \end{pmatrix}$ 的特征值 $\lambda_1=3$(二重)，$\lambda_2=12$，求 x 的值，并求其特征向量.

3. 已知 n 阶满秩矩阵 $\boldsymbol{A}$ 的 n 个特征值 λ_1，λ_2，…，λ_n 及对应的特征向量 u_1，u_2，…，u_n，试求伴随矩阵 $\boldsymbol{A}^*$ 的特征值及对应的特征向量.

4. 已知 $\boldsymbol{A}=\begin{pmatrix}-2 & 0 & 0\\ 2 & a & 2\\ 3 & 1 & 1\end{pmatrix}$，$\boldsymbol{B}=\begin{pmatrix}-1 & 0 & 0\\ 0 & 2 & 0\\ 0 & 0 & b\end{pmatrix}$，若 $\boldsymbol{A}$ 与 $\boldsymbol{B}$ 相似，试求 a、b 的值及矩阵 $\boldsymbol{P}$，使得 $\boldsymbol{P}^{-1}\boldsymbol{A}\boldsymbol{P}=\boldsymbol{B}$.

5. 设方阵 $\boldsymbol{A}=\begin{pmatrix}1 & -2 & -4\\ -2 & x & -2\\ -4 & -2 & 1\end{pmatrix}$ 与 $\boldsymbol{B}=\begin{pmatrix}5 & 0 & 0\\ 0 & y & 0\\ 0 & 0 & -4\end{pmatrix}$ 相似，求 x、y.

6. 已知 $\boldsymbol{P}=\begin{pmatrix}2 & -1\\ 3 & -2\end{pmatrix}$，$\boldsymbol{P}^{-1}\boldsymbol{A}\boldsymbol{P}=\begin{pmatrix}-1 & 0\\ 0 & 2\end{pmatrix}$，求 $\boldsymbol{A}^{n}$.

7. 设 $\boldsymbol{A}=\begin{pmatrix}1 & 1 & -1\\0 & 0 & 1\\0 & -2 & 3\end{pmatrix}$，求 $\boldsymbol{A}^{100}$.

8. 设 n 阶矩阵 $\boldsymbol{A}$ 的 n^2 个元素全为 1，试求可逆矩阵 $\boldsymbol{P}$，使 $\boldsymbol{P}^{-1}\boldsymbol{AP}$ 为对角阵，并写出与 $\boldsymbol{A}$ 相似的对角阵.

9. 设 3 阶实矩阵 $\boldsymbol{A}$ 有二重特征值 λ_1，如果 $\boldsymbol{x}_1=(1, 0, 1)^{\mathrm{T}}$，$\boldsymbol{x}_2=(-1, 0, -1)^{\mathrm{T}}$，$\boldsymbol{x}_3=(1, 1, 0)^{\mathrm{T}}$，$\boldsymbol{x}_4=(0, 1, -1)^{\mathrm{T}}$ 都是对应于 λ_1 的特征向量，$\boldsymbol{A}$ 可否对角化？

10. 求正交矩阵 $\boldsymbol{P}$ 使 $\boldsymbol{P}^{-1}\boldsymbol{A}\boldsymbol{P}$ 为对角矩阵.

(1) $\begin{pmatrix} 2 & 2 & -2 \\ 2 & 5 & -4 \\ -2 & -4 & 5 \end{pmatrix}$；　　(2) $\begin{pmatrix} 2 & -2 & 0 \\ -2 & 1 & -2 \\ 0 & -2 & 0 \end{pmatrix}$.

四、证明题

1. 若 n 阶方阵 $\boldsymbol{A}$ 满足 $\boldsymbol{A}^2=\boldsymbol{E}$，证明 $\boldsymbol{A}$ 的特征值只能是 1 或 -1.

2. 设 n 阶方阵满足 $\boldsymbol{A}^2=\boldsymbol{A}$，

(1) 求 $\boldsymbol{A}$ 的特征值；(2) 证明 $\boldsymbol{E}+\boldsymbol{A}$ 为可逆矩阵.

3. 设 $\boldsymbol{A}$、$\boldsymbol{B}$ 都是 n 阶方阵，且 $|\boldsymbol{A}| \neq 0$，证明：$\boldsymbol{AB}$ 与 $\boldsymbol{BA}$ 相似.

4. 若 $\boldsymbol{A}$ 与 $\boldsymbol{B}$ 相似，$\boldsymbol{C}$ 与 $\boldsymbol{D}$ 相似，证明：$\begin{pmatrix} \boldsymbol{A} & \boldsymbol{O} \\ \boldsymbol{O} & \boldsymbol{C} \end{pmatrix}$ 与 $\begin{pmatrix} \boldsymbol{B} & \boldsymbol{O} \\ \boldsymbol{O} & \boldsymbol{D} \end{pmatrix}$ 相似.

5. 证明：若λ是n阶可逆矩阵$\boldsymbol{A}$的特征值，则

(1) $\dfrac{1}{\lambda}$是$\boldsymbol{A}^{-1}$的特征值；　　(2) $\dfrac{|\boldsymbol{A}|}{\lambda}$是$\boldsymbol{A}^{*}$的特征值.

6. 设$\boldsymbol{A}$、$\boldsymbol{B}$为n阶实对称方阵，证明：$\boldsymbol{A}$与$\boldsymbol{B}$相似的充分必要条件为$\boldsymbol{A}$与$\boldsymbol{B}$有相同的特征多项式.

7. 设 λ_1、λ_2 是矩阵 $\boldsymbol{A}$ 的两个不同特征值，x_1、x_2 是分别对应于 λ_1、λ_2 的特征向量，证明：x_1+x_2 不是 $\boldsymbol{A}$ 的特征向量.

8. 设 $\boldsymbol{A}$、$\boldsymbol{B}$ 为正交阵，证明下列矩阵为正交阵：

(1) $\begin{pmatrix} \boldsymbol{A} & \boldsymbol{O} \\ \boldsymbol{O} & \boldsymbol{B} \end{pmatrix}$；　　(2) $\dfrac{1}{\sqrt{2}}\begin{pmatrix} \boldsymbol{A} & \boldsymbol{A} \\ -\boldsymbol{A} & \boldsymbol{A} \end{pmatrix}$.

9. 证明：实正交矩阵的特征值的模为 1.

习题详解

第1章 矩阵及其应用

一、选择题

1～5. BABCA； 6～10. DACCB； 11～15. BCCDB.

二、判断题

1～5. × × × × ×； 6～10. × √ × √ √.

三、填空题

1. $-\boldsymbol{E}$； 2. 1，-1，3；

3. $\begin{pmatrix} 0 & 0 & 0 \\ 0 & 0 & 0 \\ 6 & 0 & 0 \end{pmatrix}$，$\begin{pmatrix} 0 & 0 & 0 \\ 0 & 0 & 0 \\ 0 & 0 & 0 \end{pmatrix}$； 4. $\begin{pmatrix} 0 & 1 & 1 \\ 1 & 3 & 1 \\ 1 & 1 & -3 \end{pmatrix}$；

5. $\begin{pmatrix} a & 0 & 0 \\ b & a & 0 \\ c & b & a \end{pmatrix}$； 6. -1； 7. $\frac{1}{2}\boldsymbol{E}-\frac{1}{6}\boldsymbol{A}$； 8. $-\frac{a}{c}\boldsymbol{A}-\frac{b}{c}\boldsymbol{E}$； 9. $\begin{pmatrix} 0 & 0 & 1 \\ 0 & 1 & 0 \\ 1 & 0 & 0 \end{pmatrix}$；

10. -1； 11. $\begin{pmatrix} 3 & 0 & 0 \\ 0 & 3 & 0 \\ 0 & 0 & -1 \end{pmatrix}$； 12. $\begin{pmatrix} 3^n & n3^{n-1} & 0 & 0 \\ 0 & 3^n & 0 & 0 \\ 0 & 0 & 3\cdot 6^{n-1} & 9\cdot 6^{n-1} \\ 0 & 0 & 6^{n-1} & 3\cdot 6^{n-1} \end{pmatrix}$；

13. $\begin{pmatrix} \boldsymbol{O} & \boldsymbol{B}^{-1} \\ \boldsymbol{A}^{-1} & \boldsymbol{O} \end{pmatrix}$； 14. $\begin{pmatrix} 1 & -2 & 0 & 0 \\ -2 & 5 & 0 & 0 \\ 0 & 0 & \frac{1}{3} & \frac{2}{3} \\ 0 & 0 & -\frac{1}{3} & \frac{1}{3} \end{pmatrix}$； 15. $\begin{pmatrix} 1 & 0 & 0 & 0 \\ 0 & 1 & 0 & 0 \\ 0 & 0 & 0 & 0 \end{pmatrix}$；

16. $\begin{pmatrix} 1 & 0 & 0 & 9 \\ 0 & 1 & 0 & -1 \\ 0 & 0 & 1 & -6 \end{pmatrix}$； 17. $\begin{pmatrix} 4 & 5 & 6 \\ 1 & 2 & 3 \\ 7 & 8 & 9 \end{pmatrix}$； 18. -12； 19. $\begin{pmatrix} 0 & 0 & 1 \\ 0 & 1 & 0 \\ 1 & 0 & 0 \end{pmatrix}$；

20. $\begin{pmatrix} 1 & 0 \\ 1 & 1 \end{pmatrix}$，$\begin{pmatrix} 0 & 0 & 1 \\ 0 & 1 & 0 \\ 1 & 0 & 0 \end{pmatrix}$.

四、计算证明题

1. **解** 由条件可得 $2\boldsymbol{A}+2\boldsymbol{B}-3\boldsymbol{X}=\boldsymbol{O}$，所以

$$\boldsymbol{X}=\frac{2}{3}(\boldsymbol{A}+\boldsymbol{B})=\frac{2}{3}\begin{pmatrix}5&5&3&3\\0&2&0&2\\1&1&3&3\end{pmatrix}=\begin{pmatrix}\frac{10}{3}&\frac{10}{3}&2&2\\0&\frac{4}{3}&0&\frac{4}{3}\\\frac{2}{3}&\frac{2}{3}&2&2\end{pmatrix}$$

2. **解** 设 $\boldsymbol{B}=\begin{pmatrix}a_1&a_2&a_3\\b_1&b_2&b_3\\c_1&c_2&c_3\end{pmatrix}$与 $\boldsymbol{A}$ 可交换，则

$$\boldsymbol{AB}=\begin{pmatrix}a_1+b_1&a_2+b_2&a_3+b_3\\b_1&b_2&b_3\\c_1&c_2&c_3\end{pmatrix},\ \boldsymbol{BA}=\begin{pmatrix}a_1&a_1+a_2&a_3\\b_1&b_1+b_2&b_3\\c_1&c_1+c_2&c_3\end{pmatrix}$$

由 $\boldsymbol{AB}=\boldsymbol{BA}$ 中对应元素相等可得 $b_1=b_3=0$，$c_1=0$，$a_1=b_2$，所以与 $\boldsymbol{A}$ 可交换的矩阵 $\boldsymbol{B}=\begin{pmatrix}a_1&a_2&a_3\\0&a_1&0\\0&c_2&c_3\end{pmatrix}$，其中 a_1，a_2，a_3，c_2，c_3 为任意实数.

3. **解** $\boldsymbol{A}=\boldsymbol{\alpha}^{\mathrm{T}}\boldsymbol{\beta}$ 是 3 阶方阵，而 $\boldsymbol{\beta\alpha}^{\mathrm{T}}$ 是一个数，$\boldsymbol{\beta\alpha}^{\mathrm{T}}=3$，则

$$\boldsymbol{A}^n=(\boldsymbol{\alpha}^{\mathrm{T}}\boldsymbol{\beta})(\boldsymbol{\alpha}^{\mathrm{T}}\boldsymbol{\beta})\cdots(\boldsymbol{\alpha}^{\mathrm{T}}\boldsymbol{\beta})=\boldsymbol{\alpha}^{\mathrm{T}}(\boldsymbol{\beta\alpha}^{\mathrm{T}})\cdots(\boldsymbol{\beta\alpha}^{\mathrm{T}})\boldsymbol{\beta}=\boldsymbol{\alpha}^{\mathrm{T}}(\boldsymbol{\beta\alpha}^{\mathrm{T}})^{n-1}\boldsymbol{\beta}$$

$$=3^{n-1}\boldsymbol{\alpha}^{\mathrm{T}}\boldsymbol{\beta}=3^{n-1}\begin{pmatrix}1&\frac{1}{2}&\frac{1}{3}\\2&1&\frac{2}{3}\\3&\frac{3}{2}&1\end{pmatrix}$$

4. **解** 设 $\boldsymbol{\alpha}=(1,2,3)$，$\boldsymbol{\beta}=\left(1,\frac{1}{2},\frac{1}{3}\right)$，则

$$\boldsymbol{A}=\begin{pmatrix}1\\2\\3\end{pmatrix}\left(1,\frac{1}{2},\frac{1}{3}\right)=\boldsymbol{\alpha}^{\mathrm{T}}\boldsymbol{\beta}$$

则

$$\boldsymbol{A}^n=\boldsymbol{\alpha}^{\mathrm{T}}\boldsymbol{\beta}\cdot\boldsymbol{\alpha}^{\mathrm{T}}\boldsymbol{\beta}\cdot\cdots\cdot\boldsymbol{\alpha}^{\mathrm{T}}\boldsymbol{\beta}=\boldsymbol{\alpha}^{\mathrm{T}}(\boldsymbol{\beta\alpha}^{\mathrm{T}})(\boldsymbol{\beta\alpha}^{\mathrm{T}})\cdots(\boldsymbol{\beta\alpha}^{\mathrm{T}})\boldsymbol{\beta}=\boldsymbol{\alpha}^{\mathrm{T}}(\boldsymbol{\beta\alpha}^{\mathrm{T}})^{n-1}\boldsymbol{\beta}$$

而

$$\boldsymbol{\beta\alpha}^{\mathrm{T}}=\left(1,\frac{1}{2},\frac{1}{3}\right)\begin{pmatrix}1\\2\\3\end{pmatrix}=3$$

所以

$$A^n=\alpha^T 3^{n-1}\beta=3^{n-1}(\alpha^T\beta)=3^{n-1}A=3^{n-1}\begin{pmatrix}1 & \frac{1}{2} & \frac{1}{3}\\ 2 & 1 & \frac{2}{3}\\ 3 & \frac{3}{2} & 1\end{pmatrix}$$

5. **证明**　由于 $\boldsymbol{A}$ 与 $\boldsymbol{B}$ 对称，因此 $\boldsymbol{A}^T=\boldsymbol{A}$，$\boldsymbol{B}^T=\boldsymbol{B}$. 若 $\boldsymbol{AB}=\boldsymbol{BA}$，则 $(\boldsymbol{AB})^T=\boldsymbol{B}^T\boldsymbol{A}^T=\boldsymbol{BA}=\boldsymbol{AB}$，即乘积 $\boldsymbol{AB}$ 是对称的；反之，若 $\boldsymbol{AB}$ 是对称的，即 $(\boldsymbol{AB})^T=\boldsymbol{AB}$，则 $\boldsymbol{AB}=(\boldsymbol{AB})^T=\boldsymbol{B}^T\boldsymbol{A}^T=\boldsymbol{BA}$，即 $\boldsymbol{A}$ 与 $\boldsymbol{B}$ 满足乘法可交换.

6. **解**　由题知

$$\begin{aligned}&X-XA^2-AX+AXA^2=E\\ &\Rightarrow X(E-A^2)-AX(E-A^2)=E\\ &\Rightarrow (E-A)X(E-A^2)=E\\ &\Rightarrow X=(E-A)^{-1}(E-A^2)^{-1}=[(E-A^2)(E-A)]^{-1}\\ &\Rightarrow X=(E-A^2-A)^{-1}\end{aligned}$$

$$E-A^2-A=\begin{pmatrix}0 & -1 & 1\\ -1 & 1 & 1\\ -1 & -1 & 2\end{pmatrix}$$

所以 $X=\begin{pmatrix}3 & 1 & -2\\ 1 & 1 & -1\\ 2 & 1 & -1\end{pmatrix}$.

7. **解**　$B=A^2-3A+2E=(A-E)(A-2E)$

$$=\begin{pmatrix}0 & -1\\ 2 & 2\end{pmatrix}\begin{pmatrix}-1 & -1\\ 2 & 1\end{pmatrix}=\begin{pmatrix}-2 & -1\\ 2 & 0\end{pmatrix}$$

$$\left(\begin{array}{cc:cc}-2 & -1 & 1 & 0\\ 2 & 0 & 0 & 1\end{array}\right)\rightarrow\left(\begin{array}{cc:cc}-2 & -1 & 1 & 0\\ 0 & -1 & 1 & 1\end{array}\right)\rightarrow\left(\begin{array}{cc:cc}-2 & 0 & 0 & -1\\ 0 & -1 & 1 & 1\end{array}\right)$$

$$\rightarrow\left(\begin{array}{cc:cc}1 & 0 & 0 & 1/2\\ 0 & 1 & -1 & -1\end{array}\right)$$

故 $B^{-1}=\begin{pmatrix}0 & 1/2\\ -1 & -1\end{pmatrix}$.

8. **解**　$\boldsymbol{A}$ 为对称矩阵，故 $\boldsymbol{A}^{-1}$ 也对称，由题可得 $(\boldsymbol{A}-\boldsymbol{B})^{-1}=\boldsymbol{A}-\boldsymbol{B}$，则有

$$\begin{aligned}(E+A^{-1}B^T)^T(E-BA^{-1})^{-1}&=[E+B(A^{-1})^T](AA^{-1}-BA^{-1})^{-1}\\ &=[AA^{-1}+BA^{-1}][(A-B)A^{-1}]^{-1}\\ &=[(A+B)A^{-1}][A(A-B)^{-1}]\\ &=(A+B)(A-B)\end{aligned}$$

9. **解**　由题意可知 $\boldsymbol{P}$ 可逆，且 $P^{-1}=\begin{pmatrix}1 & 0 & 0\\ 2 & -1 & 0\\ -4 & 1 & 1\end{pmatrix}$. 在等式 $\boldsymbol{AP}=\boldsymbol{PB}$ 两端同时右乘 $\boldsymbol{P}^{-1}$，得 $\boldsymbol{A}=\boldsymbol{PBP}^{-1}$，则

$$A^5 = PBP^{-1}PBP^{-1}PBP^{-1}PBP^{-1}PBP^{-1} = PB^5P^{-1}$$

易知 $B^5 = B$，则

$$A^5 = PBP^{-1} = \begin{pmatrix} 1 & 0 & 0 \\ 2 & 0 & 0 \\ 6 & -1 & -1 \end{pmatrix}$$

10. **解** 若 A 可逆，在方程两边同时右乘 A^{-1} 可得 $X = BA^{-1}$，因

$$\left(\begin{array}{ccc:ccc} 1 & -1 & 1 & 1 & 0 & 0 \\ 1 & 1 & 0 & 0 & 1 & 0 \\ 2 & 1 & 1 & 0 & 0 & 1 \end{array}\right) \to \left(\begin{array}{ccc:ccc} 1 & -1 & 1 & 1 & 0 & 0 \\ 0 & 2 & -1 & -1 & 1 & 0 \\ 0 & 3 & -1 & -2 & 0 & 1 \end{array}\right)$$

$$\to \left(\begin{array}{ccc:ccc} 1 & -1 & 1 & 1 & 0 & 0 \\ 0 & 1 & -\frac{1}{2} & -\frac{1}{2} & \frac{1}{2} & 0 \\ 0 & 3 & -1 & -2 & 0 & 1 \end{array}\right) \to \left(\begin{array}{ccc:ccc} 1 & 0 & \frac{1}{2} & \frac{1}{2} & \frac{1}{2} & 0 \\ 0 & 1 & -\frac{1}{2} & -\frac{1}{2} & \frac{1}{2} & 0 \\ 0 & 0 & \frac{1}{2} & -\frac{1}{2} & -\frac{3}{2} & 1 \end{array}\right)$$

$$\to \left(\begin{array}{ccc:ccc} 1 & 0 & 0 & 1 & 2 & -1 \\ 0 & 1 & 0 & -1 & -1 & 1 \\ 0 & 0 & 1 & -1 & -3 & 2 \end{array}\right)$$

故

$$A^{-1} = \begin{pmatrix} 1 & 2 & -1 \\ -1 & -1 & 1 \\ -1 & -3 & 2 \end{pmatrix}$$

$$X = BA^{-1} = \begin{pmatrix} 2 & 9 & -5 \\ -2 & -8 & 6 \\ -4 & -14 & 9 \end{pmatrix}$$

11. **解** $$AB = \begin{pmatrix} 0 & 5 & 8 \\ 0 & -5 & 6 \\ 2 & 9 & 0 \end{pmatrix},\ 3AB - 2A = \begin{pmatrix} -2 & 13 & 22 \\ -2 & -17 & 20 \\ 4 & 29 & -2 \end{pmatrix}$$

故

$$A^{\mathrm{T}}B = \begin{pmatrix} 0 & 5 & 8 \\ 0 & -5 & 6 \\ 2 & 9 & 0 \end{pmatrix}$$

12. **解** 由于

$$P^{\mathrm{T}}P = \begin{pmatrix} \frac{2}{3} & \frac{2}{3} & \frac{1}{3} \\ \frac{2}{3} & -\frac{1}{3} & -\frac{2}{3} \\ \frac{1}{3} & -\frac{2}{3} & \frac{2}{3} \end{pmatrix} \begin{pmatrix} \frac{2}{3} & \frac{2}{3} & \frac{1}{3} \\ \frac{2}{3} & -\frac{1}{3} & -\frac{2}{3} \\ \frac{1}{3} & -\frac{2}{3} & \frac{2}{3} \end{pmatrix} = \begin{pmatrix} 1 & 0 & 0 \\ 0 & 1 & 0 \\ 0 & 0 & 1 \end{pmatrix} = E$$

可见 P 可逆，且 $P^{\mathrm{T}} = P^{-1}$，从而 $(P^{\mathrm{T}}P)^{-1} = E^{-1} = E$，于是由 $A = (P^{\mathrm{T}})^{-1}AP^{-1}$ 得

$$\begin{aligned}\boldsymbol{A}^{10}&=(\boldsymbol{P}^{\mathrm{T}})^{-1}\boldsymbol{\Lambda}\boldsymbol{P}^{-1}\cdot(\boldsymbol{P}^{\mathrm{T}})^{-1}\boldsymbol{\Lambda}\boldsymbol{P}^{-1}\cdot(\boldsymbol{P}^{\mathrm{T}})^{-1}\boldsymbol{\Lambda}\boldsymbol{P}^{-1}\cdot\cdots\cdot(\boldsymbol{P}^{\mathrm{T}})^{-1}\boldsymbol{\Lambda}\boldsymbol{P}^{-1}\\&=(\boldsymbol{P}^{\mathrm{T}})^{-1}\boldsymbol{\Lambda}[\boldsymbol{P}^{-1}(\boldsymbol{P}^{\mathrm{T}})^{-1}]\boldsymbol{\Lambda}[\boldsymbol{P}^{-1}(\boldsymbol{P}^{\mathrm{T}})^{-1}]\boldsymbol{\Lambda}[\boldsymbol{P}^{-1}(\boldsymbol{P}^{\mathrm{T}})^{-1}]\cdot\cdots\cdot[\boldsymbol{P}^{-1}(\boldsymbol{P}^{\mathrm{T}})^{-1}]\boldsymbol{\Lambda}\boldsymbol{P}^{-1}\\&=(\boldsymbol{P}^{\mathrm{T}})^{-1}\boldsymbol{\Lambda}(\boldsymbol{P}^{\mathrm{T}}\boldsymbol{P})^{-1}\boldsymbol{\Lambda}(\boldsymbol{P}^{\mathrm{T}}\boldsymbol{P})^{-1}\boldsymbol{\Lambda}(\boldsymbol{P}^{\mathrm{T}}\boldsymbol{P})^{-1}\cdot\cdots\cdot(\boldsymbol{P}^{\mathrm{T}}\boldsymbol{P})^{-1}\boldsymbol{\Lambda}\boldsymbol{P}^{-1}\\&=(\boldsymbol{P}^{\mathrm{T}})^{-1}\boldsymbol{\Lambda}^{10}\boldsymbol{P}^{-1}\end{aligned}$$

由于

$$\boldsymbol{\Lambda}^{10}=\begin{pmatrix}-1&0&0\\0&-1&0\\0&0&1\end{pmatrix}^{10}=\begin{pmatrix}(-1)^{10}&0&0\\0&(-1)^{10}&0\\0&0&1^{10}\end{pmatrix}=\begin{pmatrix}1&0&0\\0&1&0\\0&0&1\end{pmatrix}=\boldsymbol{E}$$

因此

$$\boldsymbol{A}^{10}=(\boldsymbol{P}^{\mathrm{T}})^{-1}\boldsymbol{\Lambda}^{10}\boldsymbol{P}^{-1}=(\boldsymbol{P}^{\mathrm{T}})^{-1}\boldsymbol{P}^{-1}=(\boldsymbol{P}\boldsymbol{P}^{\mathrm{T}})^{-1}=\boldsymbol{E}=\begin{pmatrix}1&0&0\\0&1&0\\0&0&1\end{pmatrix}$$

13. **解** 先分块

$$\boldsymbol{A}=\left(\begin{array}{cc:ccc}1&0&0&0&0\\0&1&0&0&0\\\hdashline-2&2&1&0&0\\1&1&0&1&0\\0&1&0&0&1\end{array}\right)=\begin{pmatrix}\boldsymbol{E}_2&\boldsymbol{O}\\\boldsymbol{A}_1&\boldsymbol{E}_3\end{pmatrix}$$

$$\boldsymbol{B}=\left(\begin{array}{c:ccc}1&0&0&0\\-1&0&0&0\\\hdashline0&1&3&-1\\0&2&1&4\\0&1&2&1\end{array}\right)$$

所以

$$\boldsymbol{AB}=\begin{pmatrix}\boldsymbol{E}_2&\boldsymbol{O}\\\boldsymbol{A}_1&\boldsymbol{E}_3\end{pmatrix}\begin{pmatrix}\boldsymbol{B}_1&\boldsymbol{O}\\\boldsymbol{O}&\boldsymbol{B}_2\end{pmatrix}=\begin{pmatrix}\boldsymbol{B}_1&\boldsymbol{O}\\\boldsymbol{A}_1\boldsymbol{B}_1&\boldsymbol{B}_2\end{pmatrix}$$

$$\boldsymbol{A}_1\boldsymbol{B}_1=\begin{pmatrix}-1&2\\1&1\\0&1\end{pmatrix}\begin{pmatrix}1\\-1\end{pmatrix}=\begin{pmatrix}-3\\0\\-1\end{pmatrix}$$

$$\boldsymbol{AB}=\begin{pmatrix}1&0&0&0\\-1&0&0&0\\-3&1&3&-1\\0&2&1&4\\-1&1&2&1\end{pmatrix}$$

14. **解** 先分块

$$A=\left(\begin{array}{cc:cc}1&0&2&3\\0&1&1&4\\ \hdashline 0&0&0&0\\0&0&0&-1\end{array}\right)=\begin{pmatrix}E_2&A_1\\O&A_2\end{pmatrix}$$

$$B=\left(\begin{array}{cc:cc}1&0&0&0\\0&1&0&0\\ \hdashline 6&3&1&2\\0&-2&2&0\end{array}\right)=\begin{pmatrix}E_2&O\\B_1&B_2\end{pmatrix}$$

所以

$$AB=\begin{pmatrix}E_2&A_1\\O&A_2\end{pmatrix}\begin{pmatrix}E_2&O\\B_1&B_2\end{pmatrix}=\begin{pmatrix}E_2+A_1B_1&A_1B_2\\A_2B_1&A_2B_2\end{pmatrix}$$

又

$$E_2+A_1B_1=\begin{pmatrix}13&0\\6&-4\end{pmatrix},\ A_1B_2=\begin{pmatrix}8&4\\9&2\end{pmatrix},\ A_2B_1=\begin{pmatrix}6&3\\0&2\end{pmatrix},\ A_2B_2=\begin{pmatrix}1&2\\-2&0\end{pmatrix}$$

故

$$AB=\begin{pmatrix}13&0&8&4\\6&-4&9&2\\6&3&1&2\\0&2&-2&0\end{pmatrix}$$

15. **解** 令 $A=\begin{pmatrix}O&B\\C&O\end{pmatrix}$，其中 $C=(a_n)$，$B=\begin{pmatrix}a_1&0&\cdots&0\\0&a_2&\cdots&0\\\vdots&\vdots&&\vdots\\0&0&\cdots&a_{n-1}\end{pmatrix}$，则

$$C^{-1}=\left(\frac{1}{a_n}\right),\ B^{-1}=\begin{pmatrix}\frac{1}{a_1}&0&\cdots&0\\0&\frac{1}{a_2}&\cdots&0\\\vdots&\vdots&&\vdots\\0&0&\cdots&\frac{1}{a_{n-1}}\end{pmatrix}$$

又

$$\begin{pmatrix}O&B\\C&O\end{pmatrix}^{-1}=\begin{pmatrix}O&C^{-1}\\B^{-1}&O\end{pmatrix}$$

故

$$A^{-1}=\begin{pmatrix}0&0&\cdots&0&\frac{1}{a_n}\\ \frac{1}{a_1}&0&\cdots&0&0\\ 0&\frac{1}{a_2}&\cdots&0&0\\ \vdots&\vdots&&\vdots&\vdots\\ 0&0&\cdots&\frac{1}{a_{n-1}}&0\end{pmatrix}$$

16. 令 $\boldsymbol{A}=\begin{pmatrix}\boldsymbol{B}&\boldsymbol{O}\\ \boldsymbol{O}&\boldsymbol{C}\end{pmatrix}$，其中 $\boldsymbol{C}=(a_n)$，$\boldsymbol{B}=\begin{pmatrix}0&\cdots&0&a_1\\ 0&\cdots&a_2&0\\ \vdots&&0&\vdots\\ a_{n-1}&\cdots&0&0\end{pmatrix}$，则

$$\boldsymbol{C}^{-1}=\left(\frac{1}{a_n}\right),\ \boldsymbol{B}^{-1}=\begin{pmatrix}0&\cdots&0&\frac{1}{a_1}\\ 0&\cdots&\frac{1}{a_2}&0\\ \vdots&&0&\vdots\\ \frac{1}{a_{n-1}}&\cdots&0&0\end{pmatrix}$$

又

$$\begin{pmatrix}\boldsymbol{B}&\boldsymbol{O}\\ \boldsymbol{O}&\boldsymbol{C}\end{pmatrix}^{-1}=\begin{pmatrix}\boldsymbol{B}^{-1}&\boldsymbol{O}\\ \boldsymbol{O}&\boldsymbol{C}^{-1}\end{pmatrix}$$

故

$$\boldsymbol{A}^{-1}=\begin{pmatrix}0&\cdots&0&\frac{1}{a_1}&0\\ 0&\cdots&\frac{1}{a_2}&0&0\\ \vdots&&0&\vdots&\vdots\\ \frac{1}{a_{n-1}}&\cdots&0&0&0\\ 0&\cdots&0&0&\frac{1}{a_n}\end{pmatrix}$$

17. **解** $\boldsymbol{A}\xrightarrow{r_1\leftrightarrow r_3}\begin{pmatrix}1&-9&12&1\\ 1&-7&8&-1\\ 0&3&-6&2\end{pmatrix}\xrightarrow[\frac{1}{2}r_2]{r_2-r_1}\begin{pmatrix}1&-9&12&1\\ 0&1&-2&-1\\ 0&3&-6&2\end{pmatrix}$

$\xrightarrow[\frac{1}{5}r_3]{r_3-3r_2}\begin{pmatrix}1&-9&12&1\\ 0&1&-2&-1\\ 0&0&0&1\end{pmatrix}\xrightarrow{r_1+9r_2}\begin{pmatrix}1&0&-6&-8\\ 0&1&-2&-1\\ 0&0&0&1\end{pmatrix}$

$$\xrightarrow[r_1+8r_3]{r_2+r_3}\begin{pmatrix}1&0&-6&0\\0&1&-2&0\\0&0&0&1\end{pmatrix}=\boldsymbol{B}$$

则 $\boldsymbol{B}$ 为 $\boldsymbol{A}$ 的行最简形矩阵.

$$\boldsymbol{B}\xrightarrow{c_3\leftrightarrow c_4}\begin{pmatrix}1&0&0&-6\\0&1&0&-2\\0&0&1&0\end{pmatrix}\xrightarrow[c_4+2c_2]{c_4+6c_1}\begin{pmatrix}1&0&0&0\\0&1&0&0\\0&0&1&0\end{pmatrix}=\boldsymbol{C}$$

则 $\boldsymbol{C}$ 为 $\boldsymbol{A}$ 的标准形矩阵.

18. **解** $(\boldsymbol{A}\ \vdots\ \boldsymbol{E})=\left(\begin{array}{ccc:ccc}1&1&1&1&0&0\\2&1&0&0&1&0\\1&-1&0&0&0&1\end{array}\right)\xrightarrow[r_3-r_1]{r_2-2r_1}\left(\begin{array}{ccc:ccc}1&1&1&1&0&0\\0&-1&-2&-2&1&0\\0&-2&-1&-1&0&1\end{array}\right)$

$$\xrightarrow{r_3-2r_2}\left(\begin{array}{ccc:ccc}1&1&1&1&0&0\\0&-1&-2&-2&1&0\\0&0&3&3&-2&1\end{array}\right)\xrightarrow[\substack{r_2+2r_3\\r_1-r_3}]{\frac{1}{3}r_3}\left(\begin{array}{ccc:ccc}1&1&0&0&\frac{2}{3}&-\frac{1}{3}\\0&-1&0&0&-\frac{1}{3}&\frac{2}{3}\\0&0&1&1&-\frac{2}{3}&\frac{1}{3}\end{array}\right)$$

$$\xrightarrow[r_1-r_2]{-r_2}\left(\begin{array}{ccc:ccc}1&0&0&0&\frac{1}{3}&\frac{1}{3}\\0&1&0&0&\frac{1}{3}&-\frac{2}{3}\\0&0&1&1&-\frac{2}{3}&\frac{1}{3}\end{array}\right)$$

所以

$$\boldsymbol{A}^{-1}=\begin{pmatrix}0&\frac{1}{3}&\frac{1}{3}\\0&\frac{1}{3}&-\frac{2}{3}\\1&-\frac{2}{3}&\frac{1}{3}\end{pmatrix}$$

19. **解** 用高斯消元法对增广矩阵进行初等行变换有

$$\begin{pmatrix}-1&-1&3&1&-1\\3&-1&-1&9&7\\1&5&-11&-13&-3\end{pmatrix}\xrightarrow[r_3+r_1]{r_2+3r_1}\begin{pmatrix}-1&-1&3&1&-1\\0&-4&8&12&4\\0&4&-8&-12&-4\end{pmatrix}$$

$$\xrightarrow[-\frac{1}{4}r_2]{-r_1}\begin{pmatrix}1&1&-3&-1&1\\0&1&-2&-3&-1\\0&4&-8&-12&-4\end{pmatrix}\xrightarrow[r_3-4r_2]{r_1-r_2}\begin{pmatrix}1&0&-1&2&2\\0&1&-2&-3&-1\\0&0&0&0&0\end{pmatrix}$$

将 z、w 看作自由变量，解得 $\begin{cases}x=z-2w+2\\y=2z+3w-1\end{cases}$，即方程组的通解为

$$\begin{pmatrix}x\\y\\z\\w\end{pmatrix}=k_1\begin{pmatrix}1\\2\\1\\0\end{pmatrix}+k_2\begin{pmatrix}-2\\3\\0\\1\end{pmatrix}+\begin{pmatrix}2\\-1\\0\\0\end{pmatrix}\quad (k_1, k_2\in\mathbf{R})$$

20. **解** 先求标准形：

$$\boldsymbol{A}\xrightarrow{r_3-2r_1}\begin{pmatrix}1&1&4&0\\0&1&2&0\\0&-3&-5&0\end{pmatrix}\xrightarrow[r_1-r_2]{r_3+3r_2}\begin{pmatrix}1&0&2&0\\0&1&2&0\\0&0&1&0\end{pmatrix}\xrightarrow[r_2-2r_3]{r_1-2r_3}\begin{pmatrix}1&0&0&0\\0&1&0&0\\0&0&1&0\end{pmatrix}=(\boldsymbol{E}_3, \boldsymbol{O})$$

$$\boldsymbol{B}\xrightarrow{r_2-r_1}\begin{pmatrix}1&2&1&0\\0&1&-1&2\\0&1&2&3\end{pmatrix}\xrightarrow[r_1-2r_2]{r_3-r_2}\begin{pmatrix}1&0&3&-4\\0&1&-1&2\\0&0&3&1\end{pmatrix}\xrightarrow{\frac{1}{3}r_3}\begin{pmatrix}1&0&3&-4\\0&1&-1&2\\0&0&1&\frac{1}{3}\end{pmatrix}$$

$$\xrightarrow[r_2+r_3]{r_1-3r_3}\begin{pmatrix}1&0&0&-5\\0&1&0&\frac{7}{3}\\0&0&1&\frac{1}{3}\end{pmatrix}\xrightarrow{\substack{c_4+5c_1\\c_4-\frac{7}{3}c_2\\c_4-\frac{1}{3}c_3}}\begin{pmatrix}1&0&0&0\\0&1&0&0\\0&0&1&0\end{pmatrix}=(\boldsymbol{E}_3, \boldsymbol{O})$$

所以 $\boldsymbol{A}\sim(\boldsymbol{E}_3, \boldsymbol{O})\sim\boldsymbol{B}$，由传递性知 $\boldsymbol{A}\sim\boldsymbol{B}$.

21. **解** 令 $\boldsymbol{C}=\begin{pmatrix}x_1&x_2\\x_3&x_4\end{pmatrix}$，则

$$\boldsymbol{AC}=\begin{pmatrix}1&a\\1&0\end{pmatrix}\begin{pmatrix}x_1&x_2\\x_3&x_4\end{pmatrix}=\begin{pmatrix}x_1+ax_3&x_2+ax_4\\x_1&x_2\end{pmatrix}$$

$$\boldsymbol{CA}=\begin{pmatrix}x_1&x_2\\x_3&x_4\end{pmatrix}\begin{pmatrix}1&a\\1&0\end{pmatrix}=\begin{pmatrix}x_1+x_2&ax_1\\x_3+x_4&ax_3\end{pmatrix}$$

$$\boldsymbol{AC}-\boldsymbol{CA}=\begin{pmatrix}-x_2+ax_3&-ax_1+x_2+ax_4\\x_1-x_3-x_4&x_2-ax_3\end{pmatrix}$$

则由 $\boldsymbol{AC}-\boldsymbol{CA}=\boldsymbol{B}$ 得

$$\begin{cases}-x_2+ax_3=0\\-ax_1+x_2+ax_4=1\\x_1-x_3-x_4=1\\x_2-ax_3=b\end{cases}$$

求解这个四元非齐次线性方程组，记 $\boldsymbol{PX}=\boldsymbol{q}$. 欲使 $\boldsymbol{C}$ 存在，此线性方程组必须有解，于是

$$\boldsymbol{Q}=(\boldsymbol{P}\ \vdots\ \boldsymbol{q})=\begin{pmatrix}0&-1&a&0&0\\-a&1&0&a&1\\1&0&-1&-1&1\\0&1&-a&0&b\end{pmatrix}\to\cdots\to\begin{pmatrix}1&0&-1&-1&1\\0&1&-a&0&0\\0&0&0&0&1+a\\0&0&0&0&b\end{pmatrix}$$

所以当 $a=-1$，$b=0$ 时，线性方程组有解，即存在 $\boldsymbol{C}$，此时

$$\boldsymbol{X}=c_1\begin{pmatrix}1\\-1\\1\\0\end{pmatrix}+c_2\begin{pmatrix}1\\0\\0\\1\end{pmatrix}+\begin{pmatrix}1\\0\\0\\0\end{pmatrix}=\begin{pmatrix}c_1+c_2+1\\-c_1\\c_1\\c_2\end{pmatrix}\quad (c_1,\ c_2\in\mathbf{R})$$

所以

$$\boldsymbol{C}=\begin{pmatrix}c_1+c_2+1 & -c_1\\ c_1 & c_2\end{pmatrix}$$

22. **解** 在等式两边左乘 $\boldsymbol{A}$ 得

$$(2\boldsymbol{A}-\boldsymbol{B})\boldsymbol{C}^{\mathrm{T}}=\boldsymbol{E}$$

故 $2\boldsymbol{A}-\boldsymbol{B}$ 可逆，且$\boldsymbol{C}^{\mathrm{T}}=(2\boldsymbol{A}-\boldsymbol{B})^{-1}$.

又

$$2\boldsymbol{A}-\boldsymbol{B}=\begin{pmatrix}1 & 2 & -6\\0 & 1 & 2\\0 & 0 & 1\end{pmatrix}$$

可得

$$(2\boldsymbol{A}-\boldsymbol{B})^{-1}=\begin{pmatrix}1 & -2 & 10\\0 & 1 & -2\\0 & 0 & 1\end{pmatrix}$$

所以

$$\boldsymbol{C}=[(2\boldsymbol{A}-\boldsymbol{B})^{-1}]^{\mathrm{T}}=\begin{pmatrix}1 & 0 & 0\\-2 & 1 & 0\\10 & -2 & 1\end{pmatrix}$$

23. **解** $$\boldsymbol{A}\xrightarrow{r_1\leftrightarrow r_2}\begin{pmatrix}1 & 3 & 3 & 8\\0 & 1 & 7 & 8\\-2 & -5 & 1 & -8\end{pmatrix}\xrightarrow{r_3+2r_1}\begin{pmatrix}1 & 3 & 3 & 8\\0 & 1 & 7 & 8\\0 & 1 & 7 & 8\end{pmatrix}$$

$$\xrightarrow{r_3-r_2}\begin{pmatrix}1 & 3 & 3 & 8\\0 & 1 & 7 & 8\\0 & 0 & 0 & 0\end{pmatrix}=\boldsymbol{M}$$

由初等变换与初等矩阵的对应得到三个初等矩阵

$$\boldsymbol{Q}_1=\begin{pmatrix}0 & 1 & 0\\1 & 0 & 0\\0 & 0 & 1\end{pmatrix},\ \boldsymbol{Q}_2=\begin{pmatrix}1 & 0 & 0\\0 & 1 & 0\\2 & 0 & 1\end{pmatrix},\ \boldsymbol{Q}_3=\begin{pmatrix}1 & 0 & 0\\0 & 1 & 0\\0 & -1 & 1\end{pmatrix}$$

满足 $\boldsymbol{Q}_3\boldsymbol{Q}_2\boldsymbol{Q}_1\boldsymbol{A}=\boldsymbol{M}$，所以

$$\boldsymbol{A}=(\boldsymbol{Q}_3\boldsymbol{Q}_2\boldsymbol{Q}_1)^{-1}\boldsymbol{M}=\boldsymbol{Q}_1^{-1}\boldsymbol{Q}_2^{-1}\boldsymbol{Q}_3^{-1}\boldsymbol{M}$$

令

$$\boldsymbol{P}_1=\boldsymbol{Q}_1^{-1}=\begin{pmatrix}0 & 1 & 0\\1 & 0 & 0\\0 & 0 & 1\end{pmatrix},\ \boldsymbol{P}_2=\boldsymbol{Q}_2^{-1}=\begin{pmatrix}1 & 0 & 0\\0 & 1 & 0\\-2 & 0 & 1\end{pmatrix},\ \boldsymbol{P}_3=\boldsymbol{Q}_3^{-1}=\begin{pmatrix}1 & 0 & 0\\0 & 1 & 0\\0 & 1 & 1\end{pmatrix}$$

即可.

24. **解** 构造分块矩阵

$$\begin{pmatrix} A & E_5 \\ E_3 & O \end{pmatrix} = \left(\begin{array}{ccc:ccccc} 1 & 2 & 3 & 1 & 0 & 0 & 0 & 0 \\ 2 & 1 & 2 & 0 & 1 & 0 & 0 & 0 \\ 3 & 3 & 5 & 0 & 0 & 1 & 0 & 0 \\ 1 & -1 & -1 & 0 & 0 & 0 & 1 & 0 \\ 4 & 2 & 4 & 0 & 0 & 0 & 0 & 1 \\ \hdashline 1 & 0 & 0 & & & & & \\ 0 & 1 & 0 & & & O & & \\ 0 & 0 & 1 & & & & & \end{array}\right)$$

$$\xrightarrow[\substack{r_2-2r_1 \\ r_3-r_2-r_1 \\ r_4-r_2+r_1 \\ r_5-2r_2}]{} \left(\begin{array}{ccc:ccccc} 1 & 2 & 3 & 1 & 0 & 0 & 0 & 0 \\ 0 & -3 & -4 & -2 & 1 & 0 & 0 & 0 \\ 0 & 0 & 0 & -1 & -1 & 1 & 0 & 0 \\ 0 & 0 & 0 & 1 & -1 & 0 & 1 & 0 \\ 0 & 0 & 0 & 0 & -2 & 0 & 0 & 1 \\ \hdashline 1 & 0 & 0 & & & & & \\ 0 & 1 & 0 & & & O & & \\ 0 & 0 & 1 & & & & & \end{array}\right)$$

$$\xrightarrow[\substack{-\frac{1}{3}c_2 \\ c_3-\frac{4}{3}c_2 \\ c_3-3c_1 \\ c_2-2c_1}]{} \left(\begin{array}{ccc:ccccc} 1 & 0 & 0 & 1 & 0 & 0 & 0 & 0 \\ 0 & 1 & 0 & -2 & 1 & 0 & 0 & 0 \\ 0 & 0 & 0 & -1 & -1 & 1 & 0 & 0 \\ 0 & 0 & 0 & 1 & -1 & 0 & 1 & 0 \\ 0 & 0 & 0 & 0 & -2 & 0 & 0 & 1 \\ \hdashline 1 & \frac{2}{3} & -\frac{1}{3} & & & & & \\ 0 & -\frac{1}{3} & -\frac{4}{3} & & & O & & \\ 0 & 0 & 1 & & & & & \end{array}\right)$$

令

$$P = \begin{pmatrix} 1 & 0 & 0 & 0 & 0 \\ -2 & 1 & 0 & 0 & 0 \\ -1 & -1 & 1 & 0 & 0 \\ 1 & -1 & 0 & 1 & 0 \\ 0 & -2 & 0 & 0 & 1 \end{pmatrix},\ Q = \begin{pmatrix} 1 & \frac{2}{3} & -\frac{1}{3} \\ 0 & -\frac{1}{3} & -\frac{4}{3} \\ 0 & 0 & 1 \end{pmatrix}$$

则

$$PAQ=\begin{pmatrix}1&0&0\\0&1&0\\0&0&0\\0&0&0\\0&0&0\end{pmatrix}$$

25. **解** 由题得

$$AX(A-B)-BX(A-B)=E$$

即

$$(A-B)X(A-B)=E$$

而

$$A-B=\begin{pmatrix}1&-1&-1\\0&1&-1\\0&0&1\end{pmatrix}$$

可得

$$(A-B)^{-1}=\begin{pmatrix}1&1&2\\0&1&1\\0&0&1\end{pmatrix}$$

于是有

$$X=(A-B)^{-1}(A-B)^{-1}=\begin{pmatrix}1&2&5\\0&1&2\\0&0&1\end{pmatrix}$$

26. **解**

$$\left(\begin{array}{ccc:cc}1&0&1&0&1\\-1&1&1&1&1\\2&-1&1&-1&0\end{array}\right)\xrightarrow[r_3-2r_1]{r_2+r_1}\left(\begin{array}{ccc:cc}1&0&1&0&1\\0&1&2&1&2\\0&-1&-1&-1&-2\end{array}\right)$$

$$\xrightarrow{r_3+r_2}\left(\begin{array}{ccc:cc}1&0&1&0&1\\0&1&2&1&2\\0&0&1&0&0\end{array}\right)\xrightarrow[r_2-2r_3]{r_1-r_3}\left(\begin{array}{ccc:cc}1&0&0&0&1\\0&1&0&1&2\\0&0&1&0&0\end{array}\right)$$

所以

$$X=\begin{pmatrix}0&1\\1&2\\0&0\end{pmatrix}$$

27. **解** 记 $XA=B$，利用列初等变换有

$$\begin{pmatrix}A\\B\end{pmatrix}=\begin{pmatrix}1&0&5\\1&1&2\\1&2&5\\1&1&2\\0&0&-6\end{pmatrix}\xrightarrow{c_3-5c_1}\begin{pmatrix}1&0&0\\1&1&-3\\1&2&0\\1&1&-3\\0&0&-6\end{pmatrix}\xrightarrow{-\frac{1}{3}c_3}\begin{pmatrix}1&0&0\\1&1&1\\1&2&0\\1&1&1\\0&0&2\end{pmatrix}$$

$$\xrightarrow{c_2\leftrightarrow c_3}\begin{pmatrix}1&0&0\\1&1&1\\1&0&2\\1&1&1\\0&2&0\end{pmatrix}\xrightarrow[c_3-c_2]{c_1-c_2}\begin{pmatrix}1&0&0\\0&1&0\\1&0&2\\0&1&0\\-2&2&-2\end{pmatrix}\xrightarrow[c_1-c_3]{\frac{1}{2}c_3}\begin{pmatrix}1&0&0\\0&1&0\\0&0&1\\0&1&0\\-1&2&-1\end{pmatrix}$$

所以

$$\boldsymbol{X}=\boldsymbol{B}\boldsymbol{A}^{-1}=\begin{pmatrix}0&1&0\\-1&2&-1\end{pmatrix}$$

28. **解** 易知 $\boldsymbol{P}$ 可逆，从而 $\boldsymbol{A}=\boldsymbol{P}\boldsymbol{\Lambda}\boldsymbol{P}^{-1}$，$\varphi(\boldsymbol{A})=\boldsymbol{P}\varphi(\boldsymbol{\Lambda})\boldsymbol{P}^{-1}$.

由 $\varphi(x)=x^3+2x^2-3x$ 得 $\varphi(1)=0$，$\varphi(2)=10$，$\varphi(-3)=0$，故

$$\varphi(\boldsymbol{\Lambda})=\mathrm{diag}(0,\ 10,\ 0)$$

$$\varphi(\boldsymbol{A})=\boldsymbol{P}\varphi(\boldsymbol{\Lambda})\boldsymbol{P}^{-1}=\begin{pmatrix}-1&1&1\\1&0&2\\1&1&-1\end{pmatrix}\begin{pmatrix}0&&\\&10&\\&&0\end{pmatrix}\begin{pmatrix}-1&1&1\\1&0&2\\1&1&-1\end{pmatrix}^{-1}$$

$$=\begin{pmatrix}0&10&0\\0&0&0\\0&10&0\end{pmatrix}\begin{pmatrix}-\frac{1}{3}&\frac{1}{3}&\frac{1}{3}\\\frac{1}{2}&0&\frac{1}{2}\\\frac{1}{6}&\frac{1}{3}&-\frac{1}{6}\end{pmatrix}=5\begin{pmatrix}1&0&1\\0&0&0\\1&0&1\end{pmatrix}$$

29. **解**
$$(\boldsymbol{A}\ \vdots\ \boldsymbol{B})=\left(\begin{array}{ccc:cc}2&1&-3&1&-1\\1&2&-2&2&0\\-1&3&2&-2&5\end{array}\right)\xrightarrow[\substack{r_2-2r_1\\r_3+r_1}]{r_1\leftrightarrow r_2}\left(\begin{array}{ccc:cc}1&2&-2&2&0\\0&-3&1&-3&-1\\0&5&0&0&5\end{array}\right)$$

$$\xrightarrow[\substack{\frac{1}{5}r_2\\r_3+3r_2}]{r_3\leftrightarrow r_2}\left(\begin{array}{ccc:cc}1&2&-2&2&0\\0&1&0&0&1\\0&0&1&-3&2\end{array}\right)\xrightarrow[r_1+2r_3]{r_1-2r_2}\left(\begin{array}{ccc:cc}1&0&0&-4&2\\0&1&0&0&1\\0&0&1&-3&2\end{array}\right)$$

故 $\boldsymbol{A}\sim\boldsymbol{E}$，即 $\boldsymbol{A}$ 可逆，且

$$\boldsymbol{X}=\boldsymbol{A}^{-1}\boldsymbol{B}=\begin{pmatrix}-4&2\\0&1\\-3&2\end{pmatrix}$$

30. **证明** (1) $(\boldsymbol{E}-\boldsymbol{A})(\boldsymbol{E}+\boldsymbol{A})=\boldsymbol{E}-\boldsymbol{A}^2=(\boldsymbol{E}+\boldsymbol{A})(\boldsymbol{E}-\boldsymbol{A})$

两边分别左、右乘 $(\boldsymbol{E}+\boldsymbol{A})^{-1}$ 得

$$(\boldsymbol{E}+\boldsymbol{A})^{-1}(\boldsymbol{E}-\boldsymbol{A})=(\boldsymbol{E}-\boldsymbol{A})(\boldsymbol{E}+\boldsymbol{A})^{-1}$$

(2) 由 $\boldsymbol{A}^{\mathrm{T}}=-\boldsymbol{A}$ 得

$$[(\boldsymbol{E}-\boldsymbol{A})(\boldsymbol{E}+\boldsymbol{A})^{-1}][(\boldsymbol{E}-\boldsymbol{A})(\boldsymbol{E}+\boldsymbol{A})^{-1}]^{\mathrm{T}}$$
$$=(\boldsymbol{E}-\boldsymbol{A})(\boldsymbol{E}+\boldsymbol{A})^{-1}[(\boldsymbol{E}+\boldsymbol{A})^{-1}]^{\mathrm{T}}(\boldsymbol{E}-\boldsymbol{A})^{\mathrm{T}}$$

由(1)知

$$(\boldsymbol{E}-\boldsymbol{A})(\boldsymbol{E}+\boldsymbol{A})^{-1}[(\boldsymbol{E}+\boldsymbol{A})^{\mathrm{T}}]^{-1}(\boldsymbol{E}-\boldsymbol{A})^{\mathrm{T}}=(\boldsymbol{E}+\boldsymbol{A})^{-1}(\boldsymbol{E}-\boldsymbol{A})(\boldsymbol{E}-\boldsymbol{A})^{-1}(\boldsymbol{E}+\boldsymbol{A})=\boldsymbol{E}$$

故$(\boldsymbol{E}-\boldsymbol{A})(\boldsymbol{E}+\boldsymbol{A})^{-1}$是正交矩阵.

(3) 由$\boldsymbol{A}\boldsymbol{A}^{\mathrm{T}}=\boldsymbol{A}^{\mathrm{T}}\boldsymbol{A}=\boldsymbol{E}$得

$$\begin{aligned}[(\boldsymbol{E}-\boldsymbol{A})(\boldsymbol{E}+\boldsymbol{A})^{-1}]^{\mathrm{T}}&=[(\boldsymbol{E}+\boldsymbol{A})^{-1}]^{\mathrm{T}}(\boldsymbol{E}-\boldsymbol{A})^{\mathrm{T}}=[(\boldsymbol{E}+\boldsymbol{A})^{\mathrm{T}}]^{-1}(\boldsymbol{E}-\boldsymbol{A}^{\mathrm{T}})\\&=(\boldsymbol{E}+\boldsymbol{A}^{\mathrm{T}})^{-1}(\boldsymbol{E}-\boldsymbol{A}^{\mathrm{T}})=(\boldsymbol{E}+\boldsymbol{A}^{-1})^{-1}(\boldsymbol{E}-\boldsymbol{A}^{-1})\\&=[\boldsymbol{A}^{-1}(\boldsymbol{A}+\boldsymbol{E})]^{-1}(\boldsymbol{E}-\boldsymbol{A}^{-1})\\&=(\boldsymbol{A}+\boldsymbol{E})^{-1}\boldsymbol{A}(\boldsymbol{E}-\boldsymbol{A}^{-1})=(\boldsymbol{A}+\boldsymbol{E})^{-1}(\boldsymbol{A}-\boldsymbol{E})\\&=-(\boldsymbol{A}+\boldsymbol{E})^{-1}(\boldsymbol{E}-\boldsymbol{A})\end{aligned}$$

由(1)知

$$-(\boldsymbol{A}+\boldsymbol{E})^{-1}(\boldsymbol{E}-\boldsymbol{A})=-(\boldsymbol{E}-\boldsymbol{A})(\boldsymbol{A}+\boldsymbol{E})^{-1}$$

故$(\boldsymbol{E}-\boldsymbol{A})(\boldsymbol{E}+\boldsymbol{A})^{-1}$是反对称矩阵.

31. **解** 直接计算$\boldsymbol{A}^2=\begin{pmatrix}4&0&0&0\\0&4&0&0\\0&0&4&0\\0&0&0&4\end{pmatrix}=2^2\boldsymbol{E}$，$\boldsymbol{A}^3=\boldsymbol{A}^2\boldsymbol{A}=2^2\boldsymbol{A}$，于是，当$n=2k(k\geqslant0)$时：

$$\boldsymbol{A}^n=\boldsymbol{A}^{2k}=(\boldsymbol{A}^2)^k=(2^2\boldsymbol{E})^k=2^n\boldsymbol{E}$$

当$n=2k+1(k\geqslant0)$时：

$$\boldsymbol{A}^n=\boldsymbol{A}^{2k+1}=\boldsymbol{A}^{2k}\boldsymbol{A}=(2^2\boldsymbol{E})^k\boldsymbol{A}=2^{n-1}\boldsymbol{A}$$

即

$$\boldsymbol{A}^n=\begin{cases}2^n\boldsymbol{E} & (n\text{ 为偶数})\\2^{n-1}\boldsymbol{A} & (n\text{ 为奇数})\end{cases}$$

32. **解** (1) 由$\boldsymbol{A}+\boldsymbol{B}=\boldsymbol{A}\boldsymbol{B}$可得$\boldsymbol{A}\boldsymbol{B}-\boldsymbol{A}-\boldsymbol{B}=\boldsymbol{O}$，所以$\boldsymbol{A}\boldsymbol{B}-\boldsymbol{A}-\boldsymbol{B}+\boldsymbol{E}=\boldsymbol{E}$，从而$(\boldsymbol{A}-\boldsymbol{E})(\boldsymbol{B}-\boldsymbol{E})=\boldsymbol{E}$，故$\boldsymbol{A}-\boldsymbol{E}$可逆.

(2) 由(1)知$(\boldsymbol{A}-\boldsymbol{E})^{-1}=\boldsymbol{B}-\boldsymbol{E}$，则$(\boldsymbol{A}-\boldsymbol{E})(\boldsymbol{B}-\boldsymbol{E})=(\boldsymbol{B}-\boldsymbol{E})(\boldsymbol{A}-\boldsymbol{E})=\boldsymbol{E}$，即$\boldsymbol{A}\boldsymbol{B}-\boldsymbol{A}-\boldsymbol{B}+\boldsymbol{E}=\boldsymbol{B}\boldsymbol{A}-\boldsymbol{A}-\boldsymbol{B}+\boldsymbol{E}$，从而$\boldsymbol{A}\boldsymbol{B}=\boldsymbol{B}\boldsymbol{A}$.

(3) 由(1)知$\boldsymbol{A}-\boldsymbol{E}=(\boldsymbol{B}-\boldsymbol{E})^{-1}$，所以

$$\boldsymbol{A}=(\boldsymbol{B}-\boldsymbol{E})^{-1}+\boldsymbol{E}$$

而

$$\boldsymbol{B}-\boldsymbol{E}=\begin{pmatrix}0&-3&0\\2&0&0\\0&0&1\end{pmatrix}$$

所以

$$(\boldsymbol{B}-\boldsymbol{E})^{-1}=\begin{pmatrix}0&\frac{1}{2}&0\\-\frac{1}{3}&0&0\\0&0&1\end{pmatrix}$$

因此

$$\boldsymbol{A}=\begin{pmatrix}1 & \frac{1}{2} & 0\\ -\frac{1}{3} & 1 & 0\\ 0 & 0 & 2\end{pmatrix}$$

33. **解** 设 $\boldsymbol{D}$ 的逆矩阵$\boldsymbol{D}^{-1}$ 的分块矩阵为$\boldsymbol{D}^{-1}=\begin{pmatrix}\boldsymbol{X}_{11} & \boldsymbol{X}_{12}\\ \boldsymbol{X}_{21} & \boldsymbol{X}_{22}\end{pmatrix}$，其中$\boldsymbol{X}_{11}$、$\boldsymbol{X}_{22}$ 分别为与 $\boldsymbol{A}$、$\boldsymbol{C}$ 同阶的方阵，则由

$$\boldsymbol{D}\boldsymbol{D}^{-1}=\begin{pmatrix}\boldsymbol{A} & \boldsymbol{B}\\ \boldsymbol{O} & \boldsymbol{C}\end{pmatrix}\begin{pmatrix}\boldsymbol{X}_{11} & \boldsymbol{X}_{12}\\ \boldsymbol{X}_{21} & X_{22}\end{pmatrix}=\boldsymbol{E}$$

可得

$$\begin{pmatrix}\boldsymbol{A}\boldsymbol{X}_{11}+\boldsymbol{B}\boldsymbol{X}_{21} & \boldsymbol{A}\boldsymbol{X}_{12}+\boldsymbol{B}\boldsymbol{X}_{22}\\ \boldsymbol{C}\boldsymbol{X}_{21} & \boldsymbol{C}\boldsymbol{X}_{22}\end{pmatrix}=\begin{pmatrix}\boldsymbol{E}_1 & \boldsymbol{O}\\ \boldsymbol{O} & \boldsymbol{E}_2\end{pmatrix}$$

其中 $\boldsymbol{E}_1$、$\boldsymbol{E}_2$ 分别为与 $\boldsymbol{A}$、$\boldsymbol{C}$ 同阶的单位矩阵，于是有

$$\begin{cases}\boldsymbol{A}\boldsymbol{X}_{11}+\boldsymbol{B}\boldsymbol{X}_{21}=\boldsymbol{E}_1\\ \boldsymbol{A}\boldsymbol{X}_{12}+\boldsymbol{B}\boldsymbol{X}_{22}=\boldsymbol{O}\\ \boldsymbol{C}\boldsymbol{X}_{21}=\boldsymbol{O}\\ \boldsymbol{C}\boldsymbol{X}_{22}=\boldsymbol{E}_2\end{cases}$$

解之得

$$\begin{cases}\boldsymbol{X}_{11}=\boldsymbol{A}^{-1}\\ \boldsymbol{X}_{12}=-\boldsymbol{A}^{-1}\boldsymbol{B}\boldsymbol{C}^{-1}\\ \boldsymbol{X}_{21}=\boldsymbol{O}\\ \boldsymbol{X}_{22}=\boldsymbol{C}^{-1}\end{cases}$$

故

$$\boldsymbol{D}^{-1}=\begin{pmatrix}\boldsymbol{A}^{-1} & -\boldsymbol{A}^{-1}\boldsymbol{B}\boldsymbol{C}^{-1}\\ \boldsymbol{O} & \boldsymbol{C}^{-1}\end{pmatrix}$$

34. **解**

$$(\boldsymbol{A}\ \vdots\ \boldsymbol{E})=\left(\begin{array}{cccc:cccc}1 & 1 & \cdots & 1 & 1 & 0 & \cdots & 0\\ 0 & 1 & \cdots & 1 & 0 & 1 & \cdots & 0\\ \vdots & \vdots & & \vdots & \vdots & \vdots & & \vdots\\ 0 & 0 & \cdots & 1 & 0 & 0 & \cdots & 1\end{array}\right)$$

$$\xrightarrow{r_i-r_n(i=1\sim n-1)}\left(\begin{array}{ccccc:ccccc}1 & 1 & \cdots & 1 & 0 & 1 & 0 & \cdots & 0 & -1\\ 0 & 1 & \cdots & 1 & 0 & 0 & 1 & \cdots & 0 & -1\\ \vdots & \vdots & & \vdots & \vdots & \vdots & \vdots & & \vdots & \vdots\\ 0 & 0 & \cdots & 1 & 0 & 0 & 0 & \cdots & 1 & -1\\ 0 & 0 & \cdots & 0 & 1 & 0 & 0 & \cdots & 0 & 1\end{array}\right)$$

$$\xrightarrow{r_i - r_{n-1}(i=1\sim n-2)} \left(\begin{array}{ccccc:ccccc} 1 & 1 & \cdots & 0 & 0 & 1 & 0 & \cdots & -1 & 0 \\ 0 & 1 & \cdots & 0 & 0 & 0 & 1 & \cdots & -1 & 0 \\ \vdots & \vdots & & \vdots & \vdots & \vdots & \vdots & & \vdots & \vdots \\ 0 & 0 & \cdots & 1 & 0 & 0 & 0 & \cdots & 1 & -1 \\ 0 & 0 & \cdots & 0 & 1 & 0 & 0 & \cdots & 0 & 1 \end{array}\right)$$

$$\xrightarrow{r_1 - r_2} \left(\begin{array}{ccccc:cccccc} 1 & 0 & \cdots & 0 & 0 & 1 & -1 & 0 & \cdots & 0 & 0 \\ 0 & 1 & \cdots & 0 & 0 & 0 & 1 & -1 & \cdots & 0 & 0 \\ \vdots & \vdots & & \vdots & \vdots & \vdots & \vdots & \vdots & & \vdots & \vdots \\ 0 & 0 & \cdots & 1 & 0 & 0 & 0 & 0 & \cdots & 1 & -1 \\ 0 & 0 & \cdots & 0 & 1 & 0 & 0 & 0 & \cdots & 0 & 1 \end{array}\right)$$

所以

$$\boldsymbol{A}^{-1} = \begin{pmatrix} 1 & -1 & & & \\ & 1 & -1 & & \\ & & \ddots & \ddots & \\ & & & 1 & -1 \\ & & & & 1 \end{pmatrix}$$

35. **解** 采用消元法求解，显然矩阵 $\boldsymbol{A}$、$\boldsymbol{C}$ 可逆，由原方程组可得

$$\begin{cases} \boldsymbol{X} + \boldsymbol{A}^{-1}\boldsymbol{B}\boldsymbol{Y} = \boldsymbol{A}^{-1}\boldsymbol{M} \\ \boldsymbol{X} + \boldsymbol{C}^{-1}\boldsymbol{D}\boldsymbol{Y} = \boldsymbol{C}^{-1}\boldsymbol{N} \end{cases}$$

两式相减得

$$(\boldsymbol{A}^{-1}\boldsymbol{B} - \boldsymbol{C}^{-1}\boldsymbol{D})\boldsymbol{Y} = \boldsymbol{A}^{-1}\boldsymbol{M} - \boldsymbol{C}^{-1}\boldsymbol{N}$$

$$\boldsymbol{Y} = (\boldsymbol{A}^{-1}\boldsymbol{B} - \boldsymbol{C}^{-1}\boldsymbol{D})^{-1}(\boldsymbol{A}^{-1}\boldsymbol{M} - \boldsymbol{C}^{-1}\boldsymbol{N})$$

又

$$\boldsymbol{A}^{-1}\boldsymbol{B} - \boldsymbol{C}^{-1}\boldsymbol{D} = \frac{1}{3}\begin{pmatrix} 23 & 36 \\ 5 & 9 \end{pmatrix}$$

$$\boldsymbol{A}^{-1}\boldsymbol{M} - \boldsymbol{C}^{-1}\boldsymbol{N} = \frac{1}{6}\begin{pmatrix} 19 & -20 \\ 4 & -8 \end{pmatrix}$$

于是

$$\begin{aligned} \boldsymbol{Y} &= \left[\frac{1}{3}\begin{pmatrix} 23 & 36 \\ 5 & 9 \end{pmatrix}\right]^{-1}\left[\frac{1}{6}\begin{pmatrix} 19 & -20 \\ 4 & -8 \end{pmatrix}\right] \\ &= \frac{1}{9}\begin{pmatrix} 9 & -36 \\ -5 & 23 \end{pmatrix}\left[\frac{1}{6}\begin{pmatrix} 19 & -20 \\ 4 & -8 \end{pmatrix}\right] \\ &= \frac{1}{18}\begin{pmatrix} 9 & 36 \\ -1 & -28 \end{pmatrix} \end{aligned}$$

$$\boldsymbol{X} = \boldsymbol{A}^{-1}\boldsymbol{M} - \boldsymbol{A}^{-1}\boldsymbol{B}\boldsymbol{Y} = \boldsymbol{A}^{-1}(\boldsymbol{M} - \boldsymbol{B}\boldsymbol{Y}) = \frac{1}{18}\begin{pmatrix} 70 & -2 \\ -3 & 24 \end{pmatrix}$$

第 3 章　矩阵的秩与线性方程组

一、选择题

1～5. DBBAC；　6～10. DDBBD；　11～15. CBBAC.

二、填空题

1. -6；　2. $\leqslant 1$，$\leqslant 2$；　3. 1；　4. 1；　5. 0；6. $m>n$；　7. n；　8. $=$，$\geqslant$；
9. -3；　10. $\boldsymbol{x}=(1,0,0,\cdots,0)^{\mathrm{T}}$.　11. 100；　12. $k\neq -2$ 且 $k\neq 3$；　13. 1；
14. m；　15. $\boldsymbol{x}=k(1,1,\cdots,1)^{\mathrm{T}}$；　16. -1；　17. 0.

三、计算证明题

1. **解**　易见 $\boldsymbol{A}$ 的一个 2 阶子式 $\begin{vmatrix}1 & 2\\ 2 & 3\end{vmatrix}=-1\neq 0$，又 $\boldsymbol{A}$ 的 3 阶子式只有 $|\boldsymbol{A}|$，且

$$|\boldsymbol{A}|=\begin{vmatrix}1 & 2 & 3\\ 2 & 3 & -5\\ 4 & 7 & 1\end{vmatrix}=\begin{vmatrix}1 & 2 & 3\\ 0 & -1 & -11\\ 0 & -1 & -11\end{vmatrix}=0$$

故 $r(\boldsymbol{A})=2$.

2. **解**　对 $\boldsymbol{A}$ 施行初等行变换，将其化成行阶梯形矩阵：

$$\boldsymbol{A}=\begin{pmatrix}1 & -2 & 1 & -4 & 2\\ 0 & 1 & -1 & 3 & 1\\ 2 & -4 & 4 & 10 & -4\\ 4 & -7 & 4 & -4 & 5\end{pmatrix}\xrightarrow[r_4-4r_1]{r_3-2r_1}\begin{pmatrix}1 & -2 & 1 & -4 & 2\\ 0 & 1 & -1 & 3 & 1\\ 0 & 0 & 2 & 18 & -8\\ 0 & 1 & 0 & 12 & -3\end{pmatrix}$$

$$\xrightarrow[r_4-\frac{1}{2}r_3]{r_4-r_2}\begin{pmatrix}1 & -2 & 1 & -4 & 2\\ 0 & 1 & -1 & 3 & 1\\ 0 & 0 & 2 & 18 & -8\\ 0 & 0 & 0 & 0 & 0\end{pmatrix}$$

由于有 3 个非零行，因此 $r(\boldsymbol{A})=3$.

3. **解**　对 $\boldsymbol{A}$ 作初等变换：

$$\boldsymbol{A}=\begin{pmatrix}1 & -2 & 3k\\ -1 & 2k & -3\\ k & -2 & 3\end{pmatrix}\to\begin{pmatrix}1 & -2 & 3k\\ 0 & 2(k-1) & 3(k-1)\\ 0 & 0 & -3(k-1)(k+2)\end{pmatrix}$$

于是：

(1) 当 $k=1$ 时，$R(\boldsymbol{A})=1$；

(2) 当 $k=-2$ 时，$R(\boldsymbol{A})=2$；

(3) 当 $k\neq1$ 且 $k\neq-2$ 时，$R(\boldsymbol{A})=3$.

4. **解**

$$\boldsymbol{A}=\begin{pmatrix}x&1&1\\1&x&1\\1&1&x\end{pmatrix}\to\begin{pmatrix}1&1&x\\1&x&1\\x&1&1\end{pmatrix}\to\begin{pmatrix}1&1&x\\1&x-1&1-x\\0&1-x&1-x^2\end{pmatrix}$$

$$\to\begin{pmatrix}1&1&x\\0&x-1&1-x\\0&0&(1-x^2)+(1-x)\end{pmatrix}\to\begin{pmatrix}1&1&x\\0&x-1&1-x\\0&0&(1-x)(2+x)\end{pmatrix}$$

所以当 $x\neq1$ 和 -2 时，$r(\boldsymbol{A})=3$；当 $x=-2$ 时，$r(\boldsymbol{A})=2$；当 $x=1$ 时，$r(\boldsymbol{A})=1$.

5. **解** (1) $$\begin{pmatrix}3&1&0&2\\1&-1&2&-1\\1&3&-4&4\end{pmatrix}\overset{r_1\leftrightarrow r_2}{\sim}\begin{pmatrix}1&-1&2&-1\\3&1&0&2\\1&3&-4&4\end{pmatrix}\underset{r_3-r_1}{\overset{r_2-3r_1}{\sim}}\begin{pmatrix}1&-1&2&-1\\0&4&-6&5\\0&4&-6&5\end{pmatrix}$$

$$\overset{r_3-r_2}{\sim}\begin{pmatrix}1&-1&2&-1\\0&4&-6&5\\0&0&0&0\end{pmatrix}\quad \text{秩为 2}$$

2 阶子式 $\begin{vmatrix}3&1\\1&-1\end{vmatrix}=-4$.

(2)

$$\begin{pmatrix}2&1&8&3&7\\2&-3&0&7&-5\\3&-2&5&8&0\\1&0&3&2&0\end{pmatrix}\underset{\substack{r_2-2r_4\\r_3-3r_4}}{\overset{r_1-2r_4}{\sim}}\begin{pmatrix}0&1&2&-1&7\\0&-3&-6&3&-5\\0&-2&-4&2&0\\1&0&3&2&0\end{pmatrix}\underset{r_3+2r_1}{\overset{r_2+3r_1}{\sim}}\begin{pmatrix}0&1&2&-1&7\\0&0&0&0&16\\0&0&0&0&14\\1&0&3&2&0\end{pmatrix}$$

$$\underset{\substack{r_3\div14\\r_4\div16\\r_4-r_3}}{\overset{\substack{r_1\leftrightarrow r_2\\r_4\leftrightarrow r_1}}{\sim}}\begin{pmatrix}1&0&3&2&1\\0&1&2&-1&7\\0&0&0&0&1\\0&0&0&0&0\end{pmatrix}\quad \text{秩为 3}$$

3 阶子式 $\begin{vmatrix}0&7&-5\\5&8&0\\3&2&0\end{vmatrix}=-5\begin{vmatrix}5&8\\3&2\end{vmatrix}=70\neq0$.

6. **证明** 必要性显然，故需证明充分性. 设 $R(\boldsymbol{A})=R(\boldsymbol{B})=r$，由矩阵的等价标准形理论知矩阵 $\boldsymbol{A}$、$\boldsymbol{B}$ 具有相同的标准形，即

$$\boldsymbol{F}=\begin{pmatrix}\boldsymbol{E}_r&\boldsymbol{0}\\\boldsymbol{0}&\boldsymbol{0}\end{pmatrix}_{m\times n}$$

于是 $\boldsymbol{A}\sim\boldsymbol{F}$，$\boldsymbol{B}\sim\boldsymbol{F}$，从而由等价关系的对称性和传递性知 $\boldsymbol{A}\sim\boldsymbol{B}$.

7. **证明** 充分性：设 $\boldsymbol{a}=(a_1\quad a_2\quad\cdots\quad a_m)^{\mathrm{T}}$，$\boldsymbol{b}=(b_1\quad b_2\quad\cdots\quad b_m)^{\mathrm{T}}$，不妨设 $a_1b_1\neq0$，利用矩阵秩的定义，显然，$\boldsymbol{A}$ 有一个一阶非零子式：任取 $\boldsymbol{A}$ 的一个 2 阶子式(为确定起见，取 $\boldsymbol{A}$ 的第 i 行、第 j 行及第 k 列、第 l 列所得 2 阶子式)：

$$\begin{vmatrix} a_ib_k & a_ib_l \\ a_jb_k & a_jb_l \end{vmatrix}=a_ia_jb_kb_l-a_ia_jb_kb_l=0$$

于是，$R(\boldsymbol{A})=1$.

必要性：设 $\boldsymbol{A}=(a_{ij})_{m\times n}$，因 $R(\boldsymbol{A})=1$，由等价标准形理论知，存在 m 阶可逆阵 $\boldsymbol{P}$ 和 n 阶可逆阵 $\boldsymbol{Q}$，使 $\boldsymbol{A}=\boldsymbol{P}\begin{pmatrix}1&0\\0&0\end{pmatrix}\boldsymbol{Q}$，于是

$$\boldsymbol{A}=\boldsymbol{P}\begin{pmatrix}1&0\\0&0\end{pmatrix}\boldsymbol{Q}=\boldsymbol{P}\begin{pmatrix}1\\0\\\vdots\\0\end{pmatrix}(1\quad0\quad\cdots\quad0)\boldsymbol{Q}=\boldsymbol{a}\boldsymbol{b}^{\mathrm{T}}$$

其中 $\boldsymbol{a}=\boldsymbol{P}\begin{pmatrix}1\\0\\\vdots\\0\end{pmatrix}$ 和 $\boldsymbol{b}=(1\quad0\quad\cdots\quad0)\boldsymbol{Q}$ 分别为非零 m 维列向量及非零 n 维行向量.

8. **证明** 构造分块矩阵 $\begin{pmatrix}\boldsymbol{A}&\boldsymbol{O}\\\boldsymbol{O}&\boldsymbol{B}\end{pmatrix}$，对其施行用广义初等变换可得

$$\begin{pmatrix}\boldsymbol{A}&\boldsymbol{O}\\\boldsymbol{O}&\boldsymbol{B}\end{pmatrix}\to\begin{pmatrix}\boldsymbol{A}&\boldsymbol{B}\\\boldsymbol{O}&\boldsymbol{B}\end{pmatrix}\to\begin{pmatrix}\boldsymbol{A}&\boldsymbol{A}+\boldsymbol{B}\\\boldsymbol{O}&\boldsymbol{B}\end{pmatrix}$$

由初等变换不改变矩阵的秩，可得

$$r\begin{pmatrix}\boldsymbol{A}&\boldsymbol{O}\\\boldsymbol{O}&\boldsymbol{B}\end{pmatrix}=r\begin{pmatrix}\boldsymbol{A}&\boldsymbol{A}+\boldsymbol{B}\\\boldsymbol{O}&\boldsymbol{B}\end{pmatrix}\geqslant r\begin{pmatrix}\boldsymbol{A}+\boldsymbol{B}\\\boldsymbol{B}\end{pmatrix}\geqslant r(\boldsymbol{A}+\boldsymbol{B})$$

又由于 $r\begin{pmatrix}\boldsymbol{A}&\boldsymbol{O}\\\boldsymbol{O}&\boldsymbol{B}\end{pmatrix}=r(\boldsymbol{A})+r(\boldsymbol{B})$，所以 $r(\boldsymbol{A}\pm\boldsymbol{B})\leqslant r(\boldsymbol{A})+r(\boldsymbol{B})$.

9. **证明** 因为 $\boldsymbol{AB}-\boldsymbol{E}=(\boldsymbol{A}-\boldsymbol{E})+\boldsymbol{A}(\boldsymbol{B}-\boldsymbol{E})$，所以

$$\begin{aligned}r(\boldsymbol{AB}-\boldsymbol{E})&=r[(\boldsymbol{A}-\boldsymbol{E})+\boldsymbol{A}(\boldsymbol{B}-\boldsymbol{E})]\leqslant r(\boldsymbol{A}-\boldsymbol{E})+r[\boldsymbol{A}(\boldsymbol{B}-\boldsymbol{E})]\\&\leqslant r(\boldsymbol{A}-\boldsymbol{E})+r(\boldsymbol{B}-\boldsymbol{E})\end{aligned}$$

10. **证明** 因为 $\boldsymbol{A}(\boldsymbol{A}-\boldsymbol{E})=\boldsymbol{A}^2-\boldsymbol{A}=\boldsymbol{A}-\boldsymbol{A}=\boldsymbol{O}$，由矩阵的性质知，$R(\boldsymbol{A})+R(\boldsymbol{A}-\boldsymbol{E})\leqslant n$. 又 $r(\boldsymbol{A}-\boldsymbol{E})=r(\boldsymbol{E}-\boldsymbol{A})$，可知：

$$r(\boldsymbol{A})+r(\boldsymbol{A}-\boldsymbol{E})=r(\boldsymbol{A})+r(\boldsymbol{E}-\boldsymbol{A})\geqslant r(\boldsymbol{A}+\boldsymbol{E}-\boldsymbol{A})=r(\boldsymbol{E})=\boldsymbol{n}$$

由此得 $r(\boldsymbol{A})+r(\boldsymbol{A}-\boldsymbol{E})=n$.

11. **证明** 当 $r(\boldsymbol{A})=n$ 时，$|\boldsymbol{A}|\neq0$，故有 $|\boldsymbol{AA}^*|=||\boldsymbol{A}|\boldsymbol{E}|=|\boldsymbol{A}|\neq0$，$|\boldsymbol{A}^*|\neq0$，所以 $r(\boldsymbol{A}^*)=n$；

若 $r(\boldsymbol{A})=n-1$，矩阵 $\boldsymbol{A}$ 必存在 $n-1$ 阶非零子式，因此 $\boldsymbol{A}^*\neq\boldsymbol{O}$，$r(\boldsymbol{A}^*)\geqslant 1$，又因为 $\boldsymbol{A}\boldsymbol{A}^*=|\boldsymbol{A}|\boldsymbol{E}=\boldsymbol{O}$，有 $r(\boldsymbol{A})+r(\boldsymbol{A}^*)\leqslant n$，即 $r(\boldsymbol{A}\boldsymbol{A}^*)\leqslant n-r(\boldsymbol{A})=1$，从而 $r(\boldsymbol{A}^*)=1$；

若 $r(\boldsymbol{A})\leqslant n-2$，矩阵 $\boldsymbol{A}$ 的 $n-1$ 阶子式均为零，因此 $\boldsymbol{A}^*=\boldsymbol{O}$，$r(\boldsymbol{A}^*)=0$.

12. **解** （1）系数矩阵 $\boldsymbol{A}=\begin{pmatrix}1&1&2&-1\\2&1&1&-1\\2&2&1&2\end{pmatrix}$，对 $\boldsymbol{A}$ 施以初等行变换：

$$\begin{pmatrix}1&1&2&-1\\2&1&1&-1\\2&2&1&2\end{pmatrix}\overset{r_2-2r_1}{\underset{r_3-2r_1}{\sim}}\begin{pmatrix}1&1&2&-1\\0&-1&-3&1\\0&0&-3&4\end{pmatrix}\overset{r_2-r_3}{\sim}\begin{pmatrix}1&1&2&-1\\0&-1&0&-3\\0&0&-3&4\end{pmatrix}$$

$$\overset{r_1+r_2}{\underset{-\frac{1}{3}r_3}{\sim}}\begin{pmatrix}1&0&2&-4\\0&-1&0&-3\\0&0&1&-\frac{4}{3}\end{pmatrix}\overset{r_1-2r_3}{\underset{-r_2}{\sim}}\begin{pmatrix}1&0&0&-\frac{4}{3}\\0&1&0&3\\0&0&1&-\frac{4}{3}\end{pmatrix}=\boldsymbol{B}$$

$\boldsymbol{B}$ 为行最简形矩阵，$R(\boldsymbol{B})=3<4$，线性方程组 $\boldsymbol{Bx}=\boldsymbol{0}$ 有非零解.

$\boldsymbol{B}$ 所对应的线性方程组为 $\begin{cases}x_1-\frac{4}{3}x_4=0\\x_2+3x_4=0\\x_3-\frac{4}{3}x_4=0\end{cases}$.

这个线性方程组中有 4 个未知量，3 个方程，故应有 1 个自由未知量，则可设 $\begin{cases}x_1=\frac{4}{3}c\\x_2=-3c\\x_3=\frac{4}{3}c\\x_4=c\end{cases}$，用向量表示为 $\begin{pmatrix}x_1\\x_2\\x_3\\x_4\end{pmatrix}=\begin{pmatrix}\frac{4}{3}\\-3\\\frac{4}{3}\\1\end{pmatrix}c$ （$c\in\mathbf{R}$）。

此解是线性方程组 $\boldsymbol{Bx}=\boldsymbol{0}$ 的通解，它也是线性方程组 $\boldsymbol{Ax}=\boldsymbol{0}$ 的通解.

（2）系数矩阵 $\boldsymbol{A}=\begin{pmatrix}1&2&1&-1\\3&6&-1&-3\\5&10&1&-5\end{pmatrix}$，对 $\boldsymbol{A}$ 施以初等行变换：

$$\begin{pmatrix}1&2&1&-1\\3&6&-1&-3\\5&10&1&-5\end{pmatrix}\overset{r_2-3r_1}{\underset{r_3-5r_1}{\sim}}\begin{pmatrix}1&2&1&-1\\0&0&-4&0\\0&0&-4&0\end{pmatrix}$$

$$\overset{r_3-r_2}{\underset{-\frac{1}{4}r_2}{\sim}}\begin{pmatrix}1&2&1&-1\\0&0&1&0\\0&0&0&0\end{pmatrix}\overset{r_1-r_2}{\sim}\begin{pmatrix}1&2&0&-1\\0&0&1&0\\0&0&0&0\end{pmatrix}=\boldsymbol{B}$$

$\boldsymbol{B}$ 为最简形矩阵，$R(\boldsymbol{B})=2<4$，线性方程组 $\boldsymbol{Bx}=\boldsymbol{0}$ 有非零解.

$\boldsymbol{B}$ 所对应的线性方程组为$\begin{cases}x_1+2x_2-x_4=0\\x_3=0\end{cases}$，这个线性方程组中有 4 个未知量、2 个方程，故应有 2 个自由未知量.

设 $x_2=c_1$，$x_4=c_2(c_1, c_2\in\mathbf{R})$，则有$\begin{cases}x_1=-2c_1+c_2\\x_2=c_1\\x_3=0\\x_4=c_2\end{cases}$，用向量表示为

$$\begin{pmatrix}x_1\\x_2\\x_3\\x_4\end{pmatrix}=\begin{pmatrix}-2\\1\\0\\0\end{pmatrix}c_1+\begin{pmatrix}1\\0\\0\\1\end{pmatrix}c_2$$

此解是线性方程组 $\boldsymbol{Bx}=\boldsymbol{0}$ 的通解，它也是线性方程组 $\boldsymbol{Ax}=\boldsymbol{0}$ 的通解.

13. (1) 增广矩阵 $\overline{\boldsymbol{A}}=\begin{pmatrix}4&2&-1&2\\3&-1&2&10\\11&3&0&8\end{pmatrix}$，对 $\overline{\boldsymbol{A}}$ 施以初等行变换：

$$\begin{pmatrix}4&2&-1&2\\3&-1&2&10\\11&3&0&8\end{pmatrix}\overset{r_1-r_2}{\sim}\begin{pmatrix}1&3&-3&-8\\3&-1&2&10\\11&3&0&8\end{pmatrix}\overset{\substack{r_2-3r_1\\r_2-11r_1}}{\sim}\begin{pmatrix}1&3&-3&-8\\0&-10&11&34\\0&-30&33&96\end{pmatrix}$$

$$\overset{r_3-3r_2}{\sim}\begin{pmatrix}1&3&-3&-8\\0&-10&11&34\\0&0&0&-6\end{pmatrix}$$

可知 $R(\boldsymbol{A})=2<R(\overline{\boldsymbol{A}})=3$，原非齐次线性方程组无解.

(2) 增广矩阵 $\overline{\boldsymbol{A}}=\begin{pmatrix}2&1&-1&1&1\\4&2&-2&1&2\\2&1&-1&-1&1\end{pmatrix}$，将 $\overline{\boldsymbol{A}}$ 施以初等行变换：

$$\begin{pmatrix}2&1&-1&1&1\\4&2&-2&1&2\\2&1&-1&-1&1\end{pmatrix}\underset{r_3-r_1}{\overset{r_2-r_1}{\sim}}\begin{pmatrix}2&1&-1&1&1\\0&0&0&-1&0\\0&0&0&-2&0\end{pmatrix}\underset{r_3-2r_1-r_2}{\overset{r_1+r_2}{\sim}}\begin{pmatrix}2&1&-1&0&1\\0&0&0&1&0\\0&0&0&0&0\end{pmatrix}=\boldsymbol{C}$$

$\boldsymbol{C}$ 所对应的线性方程组为$\begin{cases}2x_1+x_2-x_3=1\\x_4=0\end{cases}$.

设 $x_2=c_1$，$x_3=c_2(c_1,c_2\in\mathbf{R})$，则有

$$\begin{cases}x_1=-\dfrac{1}{2}c_1+\dfrac{1}{2}c_2+\dfrac{1}{2}\\x_2=c_1\\x_3=c_2\\x_4=0\end{cases}$$

$$\begin{pmatrix} x_1 \\ x_2 \\ x_3 \\ x_4 \end{pmatrix} = \begin{pmatrix} -\frac{1}{2} \\ 1 \\ 0 \\ 0 \end{pmatrix} c_1 + \begin{pmatrix} \frac{1}{2} \\ 0 \\ 1 \\ 0 \end{pmatrix} c_2 + \begin{pmatrix} \frac{1}{2} \\ 0 \\ 0 \\ 0 \end{pmatrix}$$

此解是线性方程组 $\boldsymbol{Cx}=\boldsymbol{b}$ 的通解，它也是线性方程组 $\boldsymbol{Ax}=\boldsymbol{b}$ 的通解.

14. **解**　因为所求的公共解，即为联立方程组 $\begin{cases} x_1+x_2+x_3=0 \\ x_1+2x_2+ax_3=0 \\ x_1+4x_2+a^2x_3=0 \\ x_1+2x_2+x_3=a-1 \end{cases}$ 的解.

对方程组增广矩阵施以初等行变换，有

$$\bar{\boldsymbol{A}} = \left(\begin{array}{ccc:c} 1 & 1 & 1 & 0 \\ 1 & 2 & a & 0 \\ 1 & 4 & a^2 & 0 \\ 1 & 2 & 1 & a-1 \end{array}\right) \rightarrow \left(\begin{array}{ccc:c} 1 & 0 & 1 & 1-a \\ 0 & 1 & 0 & a-1 \\ 0 & 0 & a-1 & 1-a \\ 0 & 0 & 0 & (a-1)(a-2) \end{array}\right) = \boldsymbol{B}$$

由于方程组有解，故系数矩阵的秩等于增广矩阵的秩.

于是 $(a-1)(a-2)=0$，即 $a=1$ 或 $a=2$.

当 $a=1$ 时，$\boldsymbol{B}=\left(\begin{array}{ccc:c} 1 & 0 & 1 & 0 \\ 0 & 1 & 0 & 0 \\ 0 & 0 & 0 & 0 \\ 0 & 0 & 0 & 0 \end{array}\right)$，此时公共解为 $\boldsymbol{x}=k(-1, 0, 1)^{\mathrm{T}}$，$k\in\mathbf{R}$.

当 $a=2$ 时，$\boldsymbol{B}=\left(\begin{array}{ccc:c} 1 & 0 & 1 & -1 \\ 0 & 1 & 0 & 1 \\ 0 & 0 & 1 & -1 \\ 0 & 0 & 0 & 0 \end{array}\right) \rightarrow \left(\begin{array}{ccc:c} 1 & 0 & 0 & 0 \\ 0 & 1 & 0 & 1 \\ 0 & 0 & 1 & -1 \\ 0 & 0 & 0 & 0 \end{array}\right)$，公共解为 $\boldsymbol{x}=(0, 1, -1)^{\mathrm{T}}$.

15. **解**　对方程组的增广矩阵作初等行变换：

$$\bar{\boldsymbol{A}} = \begin{pmatrix} \lambda & 1 & 1 & 4 \\ 1 & \mu & 1 & 3 \\ 1 & 2\mu & 1 & 4 \end{pmatrix} \longrightarrow \begin{pmatrix} 1 & \mu & 1 & 3 \\ 0 & \mu & 0 & 1 \\ 0 & 1-\lambda\mu & 1-\lambda & 4-3\lambda \end{pmatrix}$$

$$\longrightarrow \begin{pmatrix} 1 & \mu & 1 & 3 \\ 0 & 1 & 1-\lambda & 4-2\lambda \\ 0 & 0 & (\lambda-1)\mu & 1-4\mu+2\lambda\mu \end{pmatrix}$$

故当 $(\lambda-1)\mu\neq 0$ 时，即 $\lambda\neq 1$ 且 $\mu\neq 0$ 时，$R(\boldsymbol{A})=R(\bar{\boldsymbol{A}})=3$，方程组有唯一解. 当 $(\lambda-1)\mu=0$ 且 $1-4\mu+2\lambda\mu\neq 0$ 时，即 $\lambda=1$ 且 $\mu\neq 1/2$ 或 $\mu=0$ 时，$R(\boldsymbol{A})=2R(\bar{\boldsymbol{A}})=3$，所以方程组无解.

当 $\lambda=1$ 且 $\mu=1/2$ 时，原方程组的同解方程组为 $\begin{cases} x_1+x_3=2 \\ x_2=2 \end{cases}$.

因此，方程组的通解为 $\boldsymbol{x}=\begin{pmatrix}2\\2\\0\end{pmatrix}+c\begin{pmatrix}1\\0\\1\end{pmatrix}$，$c\in\mathbf{R}$.

16. **解** (1) 用初等行变换将 $\boldsymbol{A}$ 化为行最简形：

$$\boldsymbol{A}=\begin{pmatrix}1&-2&3&4\\0&1&-1&1\\1&2&0&3\end{pmatrix}\rightarrow\begin{pmatrix}1&-2&3&4\\0&1&-1&1\\0&4&-3&-1\end{pmatrix}\rightarrow\begin{pmatrix}1&0&0&11\\0&1&0&-4\\0&0&1&-5\end{pmatrix}$$

故通解为 $\boldsymbol{x}=(-11,4,5,1)^{\mathrm{T}}$.

(2) 设 $\boldsymbol{E}=(\boldsymbol{\varepsilon}_1,\boldsymbol{\varepsilon}_2,\boldsymbol{\varepsilon}_3)$，$\boldsymbol{x}=(\boldsymbol{\alpha}_1,\boldsymbol{\alpha}_2,\boldsymbol{\alpha}_3)$，从而

$$\boldsymbol{A\alpha}_1=\boldsymbol{\varepsilon}_1,\ \boldsymbol{A\alpha}_3=\boldsymbol{\varepsilon}_3,\ \boldsymbol{A\alpha}_2=\boldsymbol{\varepsilon}_2$$

$$(\boldsymbol{A},\boldsymbol{E})=\begin{pmatrix}1&-2&3&4&1&0&0\\0&1&-1&1&0&1&0\\1&2&0&3&0&0&1\end{pmatrix}\rightarrow\begin{pmatrix}1&-2&3&4&1&0&0\\0&1&-1&1&0&1&0\\0&4&-3&-1&-1&0&1\end{pmatrix}$$

$$\rightarrow\begin{pmatrix}1&-2&3&4&1&0&0\\0&1&-1&1&0&1&0\\0&4&-3&-1&-1&0&1\end{pmatrix}\rightarrow\begin{pmatrix}1&0&0&11&2&6&-1\\0&1&0&-4&-1&-3&1\\0&0&1&-5&-1&-4&1\end{pmatrix}$$

故 $\boldsymbol{\alpha}_1=k_1\begin{pmatrix}-11\\4\\5\\1\end{pmatrix}+\begin{pmatrix}2\\-1\\-1\\0\end{pmatrix}$，$\boldsymbol{\alpha}_2=k_2\begin{pmatrix}-11\\4\\5\\1\end{pmatrix}+\begin{pmatrix}6\\-3\\-4\\0\end{pmatrix}$，$\boldsymbol{\alpha}_3=k_3\begin{pmatrix}-11\\4\\5\\1\end{pmatrix}+\begin{pmatrix}-1\\1\\1\\0\end{pmatrix}$.

或 $\boldsymbol{x}=\begin{pmatrix}2-11k_1&6-11k_2&-1-11k_3\\-1+4k_1&-3+4k_2&1+4k_3\\-1+5k_1&-4+5k_2&1+5k_3\\k_1&k_2&k_3\end{pmatrix}\quad(k_1,k_2,k_3\in\mathbf{R})$.

17. **解** 化简增广矩阵

$$\widetilde{\boldsymbol{A}}=(\boldsymbol{A},\boldsymbol{b})=\begin{pmatrix}1&1&1-a&0\\1&0&a&1\\a+1&1&a+1&2a-2\end{pmatrix}\rightarrow\begin{pmatrix}1&1&1-a&0\\0&1&1-2a&-1\\0&0&-a(a-2)&a-2\end{pmatrix}$$

故当 $a\neq0$，$a\neq2$ 时，有唯一解；当 $a=2$ 时，有无穷多解；当 $a=0$ 时，无解.

当 $a=0$ 时，$\boldsymbol{A}=\begin{pmatrix}1&1&1\\1&0&0\\1&1&1\end{pmatrix}$，$\boldsymbol{A}^{\mathrm{T}}\boldsymbol{A}=\begin{pmatrix}3&2&2\\2&2&2\\2&2&2\end{pmatrix}$，$\boldsymbol{A}^{\mathrm{T}}\boldsymbol{b}=\begin{pmatrix}-1\\-2\\-2\end{pmatrix}$，于是

$$(\boldsymbol{A}^{\mathrm{T}}\boldsymbol{A},\boldsymbol{A}^{\mathrm{T}}\boldsymbol{b})=\begin{pmatrix}3&2&2&-1\\2&2&2&-2\\2&2&2&-2\end{pmatrix}\rightarrow\begin{pmatrix}1&0&0&1\\0&1&1&-2\\0&0&0&0\end{pmatrix}$$

线性方程组 $\boldsymbol{A}^{\mathrm{T}}\boldsymbol{Ax}=\boldsymbol{A}^{\mathrm{T}}\boldsymbol{b}$ 的通解为 $\boldsymbol{x}=(1,-2,0)^{\mathrm{T}}+k(0,1,-1)^{\mathrm{T}}$，$k\in\mathbf{R}$.

18. **证明**　充分性：若 $\boldsymbol{A}_{m\times n}\boldsymbol{B}_{n\times m}=\boldsymbol{E}_m$，则有 $m\geqslant R(\boldsymbol{A})\geqslant R(\boldsymbol{AB})=R(\boldsymbol{E})=m$，所以 $R(\boldsymbol{A})=m$.

必要性：若 $R(\boldsymbol{A})=m$，则方程组 $\boldsymbol{Ax}=\boldsymbol{b}$ 必有解.

设 $\boldsymbol{b}_i$ 是 $\boldsymbol{Ax}=\boldsymbol{\varepsilon}_i$ 的解（$i=1, 2, \cdots, m$），令 $\boldsymbol{B}=(\boldsymbol{b}_1, \boldsymbol{b}_2, \cdots, \boldsymbol{b}_m)$，则有 $\boldsymbol{AB}=\boldsymbol{E}$.

19. **解**　(1) 因为非零矩阵 $\boldsymbol{B}$ 的每一列都是齐次方程组的解，所以齐次线性方程组 $\begin{cases}x_1+2x_2-2x_3=0\\2x_1-x_2+\lambda x_3=0\\3x_1+x_2-x_3=0\end{cases}$ 有非零解，即

$$\begin{vmatrix}1 & 2 & -2\\2 & -1 & \lambda\\3 & 1 & -1\end{vmatrix}=0\Rightarrow\lambda+4=5\Rightarrow\lambda=1$$

(2) **证明**　由题意可得

$$\begin{pmatrix}1 & 2 & -2\\2 & -1 & 1\\3 & 1 & -1\end{pmatrix}\boldsymbol{B}=\boldsymbol{O}\Rightarrow R(\boldsymbol{B})+R(\boldsymbol{A})=n=3$$

因为 $R(\boldsymbol{A})>1$，所以 $R(\boldsymbol{B})<3$，即 $\boldsymbol{B}$ 不可逆，所以 $|\boldsymbol{B}|=0$.

20. **解**　把通解改写为 $\begin{pmatrix}x_1\\x_2\\x_3\\x_4\end{pmatrix}=\begin{pmatrix}2c_1-2c_2\\-3c_1+4c_2\\c_1\\c_2\end{pmatrix}$，令 $c_1=x_3$，$c_2=x_4$，得

$$\begin{pmatrix}x_1\\x_2\\x_3\\x_4\end{pmatrix}=\begin{pmatrix}2x_3-2x_4\\-3x_3+4x_4\\x_3\\x_4\end{pmatrix}$$

由此知所求方程组有 2 个自由未知数 x_3、x_4，且对应的方程组为 $\begin{cases}x_1=2x_3-2x_4\\x_2=-3x_3+4x_4\end{cases}$，

即 $\begin{cases}x_1-2x_3+2x_4=0\\x_2+3x_3-4x_4=0\end{cases}$.

21. **证明**　将 $n\times s$ 矩阵 $\boldsymbol{X}$、$\boldsymbol{Y}$ 按列分块为 $\boldsymbol{X}=(\boldsymbol{x}_1, \boldsymbol{x}_2, \cdots, \boldsymbol{x}_s)$，$\boldsymbol{Y}=(\boldsymbol{y}_1, \boldsymbol{y}_2, \cdots, \boldsymbol{y}_s)$，则 $\boldsymbol{X}-\boldsymbol{Y}=(\boldsymbol{x}_1-\boldsymbol{y}_1, \boldsymbol{x}_2-\boldsymbol{y}_2, \cdots, \boldsymbol{x}_s-\boldsymbol{y}_s)$.

如果 $\boldsymbol{AX}=\boldsymbol{AY}$，且 $R(\boldsymbol{A})=n$，即 $\boldsymbol{A}(\boldsymbol{X}-\boldsymbol{Y})=\boldsymbol{O}$，且 $R(\boldsymbol{A})=n$；

亦即 $\boldsymbol{A}(\boldsymbol{x}_j-\boldsymbol{y}_j)=0$，且 $R(\boldsymbol{A})=n$，那么根据齐次线性方程组的理论，当 $R(\boldsymbol{A})=n$ 时，齐次线性方程组 $\boldsymbol{Ax}=\boldsymbol{0}$ 只有零解，$\boldsymbol{A}(\boldsymbol{x}_j-\boldsymbol{y}_j)=\boldsymbol{0}$ 只有零解，即 $\boldsymbol{x}_j-\boldsymbol{y}_j=\boldsymbol{0}$，亦即 $\boldsymbol{x}_j=\boldsymbol{y}_j$，$j=1, 2, \cdots, s$，故 $\boldsymbol{X}=\boldsymbol{Y}$.

第5章　相似矩阵

一、选择题

1～5　ADCBD；　6～10　CCBAC；　11～15　ADAAC.

二、填空题

1. λ^2+1；　2. 4/3；　3. 9；　4. 2；　5. 2；　6. 4/3；

7. $\begin{pmatrix}0 & 2 & 2\\ 2 & 0 & -2\\ 2 & -2 & 0\end{pmatrix}$；　8. $x=-1$，$y=-3$；　9. -1，2；　10. $x=0$，$y=1$.

三、计算题

1. **解**　(1) 因为

$$|\boldsymbol{A}-\lambda\boldsymbol{E}|=\begin{vmatrix}1-\lambda & 2 & 3\\ 2 & 1-\lambda & 3\\ 3 & 3 & 6-\lambda\end{vmatrix}=-\lambda(\lambda+1)(\lambda-9)$$

所以 $\boldsymbol{A}$ 的特征值为 $\lambda_1=0$，$\lambda_2=-1$，$\lambda_3=9$.

对于特征值 $\lambda_1=0$，由于 $\boldsymbol{A}=\begin{pmatrix}1 & 2 & 3\\ 2 & 1 & 3\\ 3 & 3 & 6\end{pmatrix}\sim\begin{pmatrix}1 & 0 & 1\\ 0 & 1 & 1\\ 0 & 0 & 0\end{pmatrix}$，因此方程组 $\boldsymbol{Ax}=\boldsymbol{0}$ 的基础解系为 $\boldsymbol{p}_1=(-1,\ -1,\ 1)^{\mathrm{T}}$，向量 $k_1\boldsymbol{p}_1(k_1\neq 0)$就是特征值 $\lambda_1=0$ 对应的全部特征向量；

对于特征值 $\lambda_2=-1$，由于 $\boldsymbol{A}+\boldsymbol{E}=\begin{pmatrix}2 & 2 & 3\\ 2 & 2 & 3\\ 3 & 3 & 7\end{pmatrix}\sim\begin{pmatrix}1 & 1 & \frac{3}{2}\\ 0 & 0 & 1\\ 0 & 0 & 0\end{pmatrix}$，因此方程组$(\boldsymbol{A}+\boldsymbol{E})\boldsymbol{x}=\boldsymbol{0}$ 的基础解系为 $\boldsymbol{p}_2=(-1,\ 1,\ 0)^{\mathrm{T}}$，向量 $k_2\boldsymbol{p}_2(k_2\neq 0)$就是特征值 $\lambda_2=-1$ 对应的全部特征向量；

对于特征值 $\lambda_3=9$，由于 $\boldsymbol{A}-9\boldsymbol{E}=\begin{pmatrix}-8 & 2 & 3\\ 2 & -8 & 3\\ 3 & 3 & -3\end{pmatrix}\sim\begin{pmatrix}1 & 0 & -\frac{1}{2}\\ 0 & 1 & -\frac{1}{2}\\ 0 & 0 & 0\end{pmatrix}$，因此方程$(\boldsymbol{A}-9\boldsymbol{E})\boldsymbol{x}=\boldsymbol{0}$ 的基础解系为 $\boldsymbol{p}_3=(1,\ 1,\ 2)^{\mathrm{T}}$，向量 $k_3\boldsymbol{p}_3(k_3\neq 0)$就是特征值 $\lambda_3=9$ 对应的全部特征向量.

（2）因为

$$|\boldsymbol{A}-\lambda\boldsymbol{E}|=\begin{vmatrix}2-\lambda & -1 & 2\\ 5 & -3-\lambda & 3\\ -1 & 0 & -2-\lambda\end{vmatrix}=-(\lambda+1)^3$$

所以 $\boldsymbol{A}$ 的特征值为 $\lambda=-1$（三重根）.

对于特征值 $\lambda=-1$，由于 $\boldsymbol{A}+\boldsymbol{E}=\begin{pmatrix}3 & -1 & 2\\ 5 & -2 & 3\\ -1 & 0 & -1\end{pmatrix}\sim\begin{pmatrix}1 & 0 & 1\\ 0 & 1 & 1\\ 0 & 0 & 0\end{pmatrix}$，因此方程组 $(\boldsymbol{A}+\boldsymbol{E})\boldsymbol{x}=\boldsymbol{0}$ 的基础解系为 $\boldsymbol{p}_1=(1,\ 1,\ -1)^{\mathrm{T}}$，向量 $k_1\boldsymbol{p}_1(k_1\neq 0)$ 就是特征值 $\lambda=-1$ 对应的全部特征向量.

（3）因为

$$|\boldsymbol{A}-\lambda\boldsymbol{E}|=\begin{vmatrix}-\lambda & 0 & 0 & 1\\ 0 & -\lambda & 1 & 0\\ 0 & 1 & -\lambda & 0\\ 1 & 0 & 0 & -\lambda\end{vmatrix}=(\lambda-1)^2(\lambda+1)^2$$

所以 $\boldsymbol{A}$ 的特征值为 $\lambda_1=-1$，$\lambda_2=1$，均为二重根.

对于特征值 $\lambda_1=-1$，由于 $\boldsymbol{A}+\boldsymbol{E}=\begin{pmatrix}1 & 0 & 0 & 1\\ 0 & 1 & 1 & 0\\ 0 & 1 & 1 & 0\\ 1 & 0 & 0 & 1\end{pmatrix}\sim\begin{pmatrix}1 & 0 & 0 & 1\\ 0 & 1 & 1 & 0\\ 0 & 0 & 0 & 0\\ 0 & 0 & 0 & 0\end{pmatrix}$，因此方程组 $(\boldsymbol{A}+\boldsymbol{E})\boldsymbol{x}=\boldsymbol{0}$ 的基础解系为 $\boldsymbol{p}_1=(1,\ 0,\ 0,\ -1)^{\mathrm{T}}$，$\boldsymbol{p}_2=(0,\ 1,\ -1,\ 0)^{\mathrm{T}}$，向量 $k_1\boldsymbol{p}_1+k_2\boldsymbol{p}_2(k_1^2+k_2^2\neq 0)$ 就是特征值 $\lambda_1=-1$ 对应的全部特征向量；

对于特征值 $\lambda_2=1$，由于 $\boldsymbol{A}+\boldsymbol{E}=\begin{pmatrix}-1 & 0 & 0 & 1\\ 0 & -1 & 1 & 0\\ 0 & 1 & -1 & 0\\ 1 & 0 & 0 & -1\end{pmatrix}\sim\begin{pmatrix}1 & 0 & 0 & -1\\ 0 & 1 & -1 & 0\\ 0 & 0 & 0 & 0\\ 0 & 0 & 0 & 0\end{pmatrix}$，因此方程 $(\boldsymbol{A}-\boldsymbol{E})\boldsymbol{x}=\boldsymbol{0}$ 的基础解系为 $\boldsymbol{p}_3=(1,\ 0,\ 0,\ 1)^{\mathrm{T}}$，$\boldsymbol{p}_4=(0,\ 1,\ 1,\ 0)^{\mathrm{T}}$，向量 $k_3\boldsymbol{p}_3+k_4\boldsymbol{p}_4$ $(k_3^2+k_4^2\neq 0)$ 就是特征值 $\lambda_1=1$ 对应的全部特征向量.

（4）令 $\boldsymbol{A}=\begin{pmatrix}1 & 2 & 3 & 4\\ 0 & 1 & 2 & 3\\ 0 & 0 & 1 & 2\\ 0 & 0 & 0 & 1\end{pmatrix}$，则矩阵 $\boldsymbol{A}$ 的特征方程为

$$|\lambda\boldsymbol{I}-\boldsymbol{A}|=\begin{vmatrix}\lambda-1 & -2 & -3 & -4\\ 0 & \lambda-1 & -2 & -3\\ 0 & 0 & \lambda-1 & -2\\ 0 & 0 & 0 & \lambda-1\end{vmatrix}=(\lambda-1)^4=0$$

故 $\boldsymbol{A}$ 的特征值 $\lambda=1$（四重特征值）.

当 $\lambda=1$ 时，由 $(\lambda\boldsymbol{I}-\boldsymbol{A})\boldsymbol{x}=\boldsymbol{0}$，即

$$\begin{pmatrix}0&-2&-3&-4\\0&0&-2&-3\\0&0&0&-2\\0&0&0&0\end{pmatrix}\begin{pmatrix}x_1\\x_2\\x_3\\x_4\end{pmatrix}=\begin{pmatrix}0\\0\\0\\0\end{pmatrix}$$

得其基础解系为 $\boldsymbol{x}=(1, 0, 0, 0)^{\mathrm{T}}$，因此 $k\boldsymbol{x}$(k 为非零任意常数)是 $\boldsymbol{A}$ 对应于 $\lambda=1$ 的全部特征向量.

(5) **解** $\boldsymbol{A}-\lambda\boldsymbol{I}=\begin{pmatrix}-\lambda&1&1&-1\\1&-\lambda&-1&1\\1&-1&-\lambda&1\\-1&1&1&-\lambda\end{pmatrix}$，由

$$|\boldsymbol{A}-\lambda\boldsymbol{I}|=\begin{vmatrix}1&-1&-1&\lambda\\1&-\lambda&-1&1\\1&-1&-\lambda&1\\-\lambda&1&1&-1\end{vmatrix}=\begin{vmatrix}1&-1&-1&\lambda\\0&1-\lambda&0&1-\lambda\\0&0&1-\lambda&1-\lambda\\0&1-\lambda&1-\lambda&\lambda^2-1\end{vmatrix}$$

$$=\begin{vmatrix}1&-1&-1&\lambda\\0&1-\lambda&0&1-\lambda\\0&0&1-\lambda&1-\lambda\\0&0&0&(\lambda-1)(\lambda+3)\end{vmatrix}=(\lambda-1)^3(\lambda+3)=0$$

得 $\lambda_1=-3$，$\lambda_{2,3,4}=1$.

当 $\lambda_1=-3$ 时，由于

$$\boldsymbol{A}+3\boldsymbol{E}=\begin{pmatrix}3&1&1&-1\\1&3&-1&1\\1&-1&3&1\\-1&1&1&3\end{pmatrix}\sim\begin{pmatrix}1&0&0&-1\\0&1&0&1\\0&0&1&1\\0&0&0&0\end{pmatrix}$$

因此方程组$(\boldsymbol{A}+3\boldsymbol{E})\boldsymbol{x}=\boldsymbol{0}$ 的基础解系为 $\boldsymbol{\eta}_1=\begin{pmatrix}1\\-1\\-1\\1\end{pmatrix}$，对应于 $\lambda_1=-3$ 的全部特征向量为 $c_1\boldsymbol{\eta}_1$，其中 c_1 不为零.

当 $\lambda_{2,3,4}=1$ 时，由于

$$\boldsymbol{A}-\boldsymbol{E}=\begin{pmatrix}-1&1&1&-1\\1&-1&-1&1\\1&-1&-1&1\\-1&1&1&-1\end{pmatrix}\sim\begin{pmatrix}1&-1&-1&1\\0&0&0&0\\0&0&0&0\\0&0&0&0\end{pmatrix}$$

因此方程组$(\boldsymbol{A}-\boldsymbol{E})\boldsymbol{x}=\boldsymbol{0}$ 的基础解系为 $\boldsymbol{\eta}_2=\begin{pmatrix}1\\1\\0\\0\end{pmatrix}$，$\boldsymbol{\eta}_3=\begin{pmatrix}1\\0\\0\\0\end{pmatrix}$，$\boldsymbol{\eta}_4=\begin{pmatrix}1\\0\\0\\-1\end{pmatrix}$，对应于 $\lambda_{2,3,4}=1$ 的全部特征向量为 $c_2\boldsymbol{\eta}_2+c_3\boldsymbol{\eta}_3+c_4\boldsymbol{\eta}_4$，$c_2$，$c_3$，$c_4$ 不全为零.

2. **解** 由特征值的性质知 $\sum_{i=1}^{3}\lambda_i=\sum_{i=1}^{3}a_{ii}$，即 $3+3+12=7+7+x$，解得 $x=4$，故

$$\boldsymbol{A}=\begin{pmatrix}7 & 4 & -1\\ 4 & 7 & -1\\ -4 & -4 & 4\end{pmatrix}$$

当 $\lambda_1=3$ 时，由 $(\lambda_1\boldsymbol{I}-\boldsymbol{A})\boldsymbol{x}=\boldsymbol{0}$，即

$$\begin{pmatrix}-4 & -4 & 1\\ -4 & -4 & 1\\ 4 & 4 & -1\end{pmatrix}\begin{pmatrix}x_1\\ x_2\\ x_3\end{pmatrix}=\begin{pmatrix}0\\ 0\\ 0\end{pmatrix}$$

得其基础解系为 $\boldsymbol{x}_1=(1,\ -1,\ 0)^{\mathrm{T}}$，$\boldsymbol{x}_2=(1,\ 0,\ 4)^{\mathrm{T}}$，故矩阵 $\boldsymbol{A}$ 对应于 $\lambda_1=3$ 的全部特征向量为 $k_1\boldsymbol{x}_1+k_2\boldsymbol{x}_2$(其中 k_1、k_2 为不全为零的任意常数).

当 $\lambda_2=12$ 时，由 $(\lambda_2\boldsymbol{I}-\boldsymbol{A})\boldsymbol{x}=\boldsymbol{0}$，即

$$\begin{pmatrix}5 & -4 & 1\\ -4 & 5 & 1\\ 4 & 4 & 8\end{pmatrix}\begin{pmatrix}x_1\\ x_2\\ x_3\end{pmatrix}=\begin{pmatrix}0\\ 0\\ 0\end{pmatrix}$$

得其基础解系为 $\boldsymbol{x}_3=(-1,\ -1,\ 1)^{\mathrm{T}}$，故矩阵 $\boldsymbol{A}$ 对应于 $\lambda_2=12$ 的全部特征向量为 $k_3\boldsymbol{x}_3$(其中 k_3 为非零任意常数).

3. **解** 依题意，有 $\boldsymbol{A}\boldsymbol{u}_i=\lambda_i\boldsymbol{u}_i(i=1,\ 2,\ \cdots,\ n)$，两边同时左乘 $\boldsymbol{A}^*$，即得

$$|\boldsymbol{A}|\boldsymbol{u}_i=\boldsymbol{A}^*\boldsymbol{A}\boldsymbol{u}_i=\lambda_i\boldsymbol{A}^*\boldsymbol{u}_i$$

又由 $\boldsymbol{A}$ 满秩及 $|\boldsymbol{A}|=\prod_{i=1}^{n}\lambda_i$，即得 $\lambda_i\neq 0(i=1,\ 2\cdots,\ n)$，于是，有 $\boldsymbol{A}^*\boldsymbol{u}_i=\dfrac{|\boldsymbol{A}|}{\lambda_i}\boldsymbol{u}_i$ 而这恰说明 $\boldsymbol{A}^*$ 的特征值为 $\dfrac{|\boldsymbol{A}|}{\lambda_i}$，对应的特征向量为 $\boldsymbol{u}_i(i=1,\ 2,\ \cdots,\ n)$.

4. **解** 由相似矩阵的必要条件 $\mathrm{tr}(\boldsymbol{A})=\mathrm{tr}(\boldsymbol{B})$ 得 $|\boldsymbol{A}|=|\boldsymbol{B}|$，均只能得到 $a=b+2$，为了寻找第 2 个方程，只能另寻他法，由相似矩阵具有相同的特征值知：

$$0=|\boldsymbol{A}-(-1)\boldsymbol{I}|=\begin{vmatrix}-1 & 0 & 0\\ 2 & a+1 & 2\\ 3 & 1 & 2\end{vmatrix}=-2a$$

即 $a=0$，代入 $b=a-2$ 得 $b=-2$. 于是 $\boldsymbol{A}$ 的三特征值为 $\lambda_1=-1$，$\lambda_2=2$，$\lambda_3=-2$，分别求解方程组 $(\boldsymbol{A}-\lambda_i\boldsymbol{I})\boldsymbol{x}=\boldsymbol{0}$，解得对应于 λ_1，λ_2，λ_3 的特征向量分别为

$$\boldsymbol{\xi}_1=(0,\ -2,\ 1)^{\mathrm{T}}$$

$$\boldsymbol{\xi}_2=(0,\ 1,\ 1)^{\mathrm{T}}$$

$$\boldsymbol{\xi}_3=(-1,\ 0,\ 1)^{\mathrm{T}}$$

令

$$\boldsymbol{P}=(\boldsymbol{\xi}_1,\ \boldsymbol{\xi}_2,\ \boldsymbol{\xi}_3)=\begin{pmatrix}0 & 0 & -1\\ -2 & 1 & 0\\ 1 & 1 & 1\end{pmatrix}$$

则必有 $\boldsymbol{P}^{-1}\boldsymbol{A}\boldsymbol{P}=\boldsymbol{B}$。

5. **解** 由于方阵 $\boldsymbol{A}$ 与 $\boldsymbol{B}$ 相似，则 $\boldsymbol{A}$ 与 $\boldsymbol{B}$ 的特征多项式相同，即

$$|\lambda\boldsymbol{E}-\boldsymbol{A}|=|\lambda\boldsymbol{E}-\boldsymbol{B}|\Rightarrow\begin{vmatrix}1-\lambda & -2 & -4\\ -2 & x-\lambda & -2\\ -4 & -2 & 1-\lambda\end{vmatrix}=\begin{vmatrix}5-\lambda & 0 & 0\\ 0 & y-\lambda & 0\\ 0 & 0 & -4-\lambda\end{vmatrix}\Rightarrow\begin{cases}x=4\\ y=5\end{cases}$$

6. **解** 由于 $\boldsymbol{P}^{-1}\boldsymbol{A}\boldsymbol{P}=\begin{pmatrix}-1 & 0\\ 0 & 2\end{pmatrix}$，故

$$\boldsymbol{A}=\boldsymbol{P}\begin{pmatrix}-1 & 0\\ 0 & 2\end{pmatrix}\boldsymbol{P}^{-1}$$

$$\boldsymbol{A}^2=\boldsymbol{P}\begin{pmatrix}-1 & 0\\ 0 & 2\end{pmatrix}\boldsymbol{P}^{-1}\boldsymbol{P}\begin{pmatrix}-1 & 0\\ 0 & 2\end{pmatrix}\boldsymbol{P}^{-1}=\boldsymbol{P}\begin{pmatrix}-1 & 0\\ 0 & 2\end{pmatrix}^2\boldsymbol{P}^{-1}$$

$$\vdots$$

$$\boldsymbol{A}^n=\boldsymbol{P}\begin{pmatrix}-1 & 0\\ 0 & 2\end{pmatrix}^n\boldsymbol{P}^{-1}$$

而

$$\boldsymbol{P}^{-1}=\begin{pmatrix}2 & -1\\ 3 & -2\end{pmatrix},\qquad \begin{pmatrix}-1 & 0\\ 0 & 2\end{pmatrix}^n=\begin{pmatrix}(-1)^n & 0\\ 0 & 2^n\end{pmatrix}$$

所以

$$\begin{aligned}\boldsymbol{A}^n&=\boldsymbol{P}\begin{pmatrix}-1 & 0\\ 0 & 2\end{pmatrix}^n\boldsymbol{P}^{-1}=\begin{pmatrix}2 & -1\\ 3 & -2\end{pmatrix}\begin{pmatrix}(-1)^n & 0\\ 0 & 2^n\end{pmatrix}\begin{pmatrix}2 & -1\\ 3 & -2\end{pmatrix}\\ &=\begin{pmatrix}2\times(-1)^n & -2^n\\ 3\times(-1)^n & -2^{n+1}\end{pmatrix}\begin{pmatrix}2 & -1\\ 3 & -2\end{pmatrix}\\ &=\begin{pmatrix}2^2\times(-1)^n-3\times2^n & 2\times(-1)^{n+1}+2^{n+1}\\ 6\times(-1)^n-3\times2^{n+1} & 3\times(-1)^{n+1}+2^{n+2}\end{pmatrix}\end{aligned}$$

7. **解**

$$|\boldsymbol{A}-\lambda\boldsymbol{E}|=\begin{vmatrix}1-\lambda & 1 & -1\\ 0 & -\lambda & 1\\ 0 & -2 & 3-\lambda\end{vmatrix}=(1-\lambda)(\lambda-1)(\lambda-2)=0$$

$$\Rightarrow\text{特征值为 }\lambda_1=\lambda_2=1,\ \lambda_3=2$$

当 $\lambda_1=\lambda_2=1$ 时，有

$$\begin{pmatrix}0 & 1 & -1\\ 0 & -1 & 1\\ 0 & -2 & 2\end{pmatrix}\begin{pmatrix}x_1\\ x_2\\ x_3\end{pmatrix}=\begin{pmatrix}0\\ 0\\ 0\end{pmatrix}$$

其基础解系为 $\begin{pmatrix}0\\ 1\\ 1\end{pmatrix}$，$\begin{pmatrix}1\\ 1\\ 1\end{pmatrix}$.

当 $\lambda_3=2$ 时，有

$$\begin{pmatrix}-1 & 1 & -1\\ 0 & -2 & 1\\ 0 & -2 & 1\end{pmatrix}\begin{pmatrix}x_1\\ x_2\\ x_3\end{pmatrix}=\boldsymbol{0}$$

其基础解系为$(-1, 1, 2)^{\mathrm{T}}$.

令 $\boldsymbol{p}=\begin{pmatrix}0 & 1 & -1\\1 & 1 & 1\\1 & 1 & 2\end{pmatrix}$，则

$$\boldsymbol{P}^{-1}\boldsymbol{A}\boldsymbol{P}=\begin{pmatrix}1 & & \\ & 1 & \\ & & 2\end{pmatrix}$$

$$(\boldsymbol{P}^{-1}\boldsymbol{A}\boldsymbol{P})^{100}=\boldsymbol{P}^{-1}\boldsymbol{A}^{100}\boldsymbol{P}=\begin{pmatrix}1 & & \\ & 1 & \\ & & 2\end{pmatrix}^{100}$$

$$\Rightarrow \boldsymbol{A}^{100}=\begin{pmatrix}0 & 1 & -1\\1 & 1 & 1\\1 & 1 & 2\end{pmatrix}\begin{pmatrix}1 & & \\ & 1 & \\ & & 2\end{pmatrix}^{100}\begin{pmatrix}0 & 1 & -1\\1 & 1 & 1\\1 & 1 & 2\end{pmatrix}^{-1}$$

$$=\begin{pmatrix}0 & 1 & -1\\1 & 1 & 1\\1 & 1 & 2\end{pmatrix}\begin{pmatrix}1 & & \\ & 1 & \\ & & 2^{100}\end{pmatrix}\begin{pmatrix}-1 & 3 & -2\\1 & -1 & 1\\0 & -1 & 1\end{pmatrix}=\begin{pmatrix}1 & 2^{100}-1 & 1-2^{100}\\0 & 2-2^{100} & 2^{100}-1\\0 & 2-2^{100} & 2^{100}-1\end{pmatrix}$$

8. **解**　由于 $\boldsymbol{A}=\begin{pmatrix}1 & 1 & \cdots & 1\\1 & 1 & \cdots & 1\\\vdots & \vdots & & \vdots\\1 & 1 & \cdots & 1\end{pmatrix}$，则 $\boldsymbol{A}$ 的特征方程为

$$|\lambda\boldsymbol{I}-\boldsymbol{A}|=\begin{vmatrix}\lambda-1 & -1 & \cdots & -1\\-1 & \lambda-1 & \cdots & -1\\\vdots & \vdots & & \vdots\\-1 & -1 & \cdots & \lambda-1\end{vmatrix}=\begin{vmatrix}\lambda-n & \lambda-n & \cdots & \lambda-n\\-1 & \lambda-1 & \cdots & -1\\\vdots & \vdots & & \vdots\\-1 & -1 & \cdots & \lambda-1\end{vmatrix}$$

$$=(\lambda-n)\begin{vmatrix}1 & 1 & \cdots & 1\\-1 & \lambda-1 & \cdots & -1\\\vdots & \vdots & & \vdots\\-1 & -1 & \cdots & \lambda-1\end{vmatrix}=(\lambda-n)\begin{vmatrix}1 & 1 & \cdots & 1\\0 & \lambda & \cdots & 0\\\vdots & \vdots & & \vdots\\0 & 0 & \cdots & \lambda\end{vmatrix}$$

$$=\lambda^{n}(\lambda-n)=0$$

故 $\boldsymbol{A}$ 的全部特征值为 $\lambda_1=0$($n-1$ 重)，$\lambda_2=n$.

当 $\lambda_1=0$ 时，由$(\lambda_1\boldsymbol{I}-\boldsymbol{A})\boldsymbol{x}=\boldsymbol{0}$，即

$$\begin{pmatrix}-1 & -1 & \cdots & -1\\-1 & -1 & \cdots & -1\\\vdots & \vdots & & \vdots\\-1 & -1 & \cdots & -1\end{pmatrix}\begin{pmatrix}x_1\\x_2\\\vdots\\x_n\end{pmatrix}=\begin{pmatrix}0\\0\\\vdots\\0\end{pmatrix}$$

可得线性无关的特征向量：

$\boldsymbol{x}_1=(1, -1, 0, \cdots, 0, 0)^{\mathrm{T}}$，$\boldsymbol{x}_2=(0, 1, -1, \cdots, 0, 0)^{\mathrm{T}}$，…，$\boldsymbol{x}_{n-1}=(0, 0, 0, \cdots, 1, -1)^{\mathrm{T}}$

当 $\lambda_2=n$ 时，由$(\lambda_2\boldsymbol{I}-\boldsymbol{A})\boldsymbol{x}=\boldsymbol{0}$，即

$$\begin{pmatrix} n-1 & -1 & \cdots & -1 \\ -1 & n-1 & \cdots & -1 \\ \vdots & \vdots & & \vdots \\ -1 & -1 & \cdots & n-1 \end{pmatrix}\begin{pmatrix} x_1 \\ x_2 \\ \vdots \\ x_n \end{pmatrix}=\begin{pmatrix} 0 \\ 0 \\ \vdots \\ 0 \end{pmatrix}$$

可得线性无关的特征向量 $\boldsymbol{x}_n=(1，1，1，\cdots，1，1)^{\mathrm{T}}$.

由于 $\boldsymbol{A}$ 的每个特征值对应的特征向量线性无关的最大个数等于该特征值的重数，可知 $\boldsymbol{A}$ 可以对角化，且存在可逆矩阵

$$\boldsymbol{P}=(x_1，x_2，\cdots，x_n)=\begin{pmatrix} 1 & 0 & \cdots & 0 & 1 \\ -1 & 1 & \cdots & 0 & 1 \\ 0 & -1 & \cdots & 0 & 1 \\ \vdots & \vdots & & \vdots & \vdots \\ 0 & 0 & \cdots & -1 & 1 \end{pmatrix}$$

和对角矩阵 $\boldsymbol{\Lambda}=\mathrm{diag}(0，0，\cdots，0，n)$，使得 $\boldsymbol{P}^{-1}\boldsymbol{AP}=\boldsymbol{\Lambda}$.

9. **解**　3 阶实矩阵的特征方程是三次方程，必有一个实根 λ_0. 又 λ_1 是 A 的二重特征值，所以 λ_0 是单根. 设对应于 λ_0 的特征向量为 x_0，λ_1 对应的线性无关(不成比例)的特征向量有两个，如 x_1、x_3(或 x_1、x_4，或 x_3、x_4，或 x_2、x_3)(注意不可能有大于两个的线性无关的特征向量)，不同特征值对应的特征向量线性无关. 所以，3 阶矩阵 $\boldsymbol{A}$ 有 3 个线性无关的特征向量，$\boldsymbol{A}$ 可以对角化.

10. **解**　(1) 因为

$$|\boldsymbol{A}-\lambda\boldsymbol{E}|=\begin{pmatrix} 2-\lambda & 2 & -2 \\ 2 & 5-\lambda & -4 \\ -2 & -4 & 5-\lambda \end{pmatrix}=-(\lambda-1)^2(\lambda-10)$$

所以矩阵的特征值为 $\lambda_1=\lambda_2=1$，$\lambda_3=10$.

对特征值 $\lambda_1=\lambda_2=1$，解方程 $(\boldsymbol{A}-\boldsymbol{E})\boldsymbol{x}=\begin{pmatrix} 1 & 2 & -2 \\ 2 & 4 & -4 \\ -2 & -4 & 4 \end{pmatrix}\begin{pmatrix} x_1 \\ x_2 \\ x_3 \end{pmatrix}=\begin{pmatrix} 0 \\ 0 \\ 0 \end{pmatrix}$ 得基础解系：

$$\boldsymbol{\alpha}_1=(-2，\ 1，\ 0)^{\mathrm{T}}$$
$$\boldsymbol{\alpha}_2=(2，\ 0，\ 1)^{\mathrm{T}}$$

将 $\boldsymbol{\alpha}_1$、$\boldsymbol{\alpha}_2$ 正交化、单位化后得两个向量：

$$\boldsymbol{p}_1=\frac{1}{\sqrt{5}}\begin{pmatrix} -2 \\ 1 \\ 0 \end{pmatrix}，\boldsymbol{p}_2=\frac{1}{3\sqrt{5}}\begin{pmatrix} 2 \\ 4 \\ 5 \end{pmatrix}$$

对特征值 $\lambda_3=10$，解方程 $(\boldsymbol{A}-10\boldsymbol{E})\boldsymbol{x}=\begin{pmatrix} -8 & 2 & -2 \\ 2 & -5 & -4 \\ -2 & -4 & -5 \end{pmatrix}\begin{pmatrix} x_1 \\ x_2 \\ x_3 \end{pmatrix}=\begin{pmatrix} 0 \\ 0 \\ 0 \end{pmatrix}$ 得基础解系：

$$\boldsymbol{\alpha}_3=(-1，\ -2，\ 2)^{\mathrm{T}}$$

将 $\boldsymbol{\alpha}_3$ 单位化得正交阵：

$$\boldsymbol{p}_3=\left(-\frac{1}{3}，\ -\frac{2}{3}，\ \frac{2}{3}\right)^{\mathrm{T}}$$

取 $\boldsymbol{P}=(\boldsymbol{p}_1, \boldsymbol{p}_2, \boldsymbol{p}_3)=\begin{pmatrix} -\frac{2}{\sqrt{5}} & \frac{2}{3\sqrt{5}} & -\frac{1}{3} \\ \frac{1}{\sqrt{5}} & \frac{4}{3\sqrt{5}} & -\frac{2}{3} \\ 0 & \frac{\sqrt{5}}{3} & \frac{2}{3} \end{pmatrix}$，则 $\boldsymbol{P}$ 为正交矩阵并使 $\boldsymbol{P}^{-1}\boldsymbol{AP}=\begin{pmatrix} 1 & 0 & 0 \\ 0 & 1 & 0 \\ 0 & 0 & 10 \end{pmatrix}$.

(2) 因为

$$|\boldsymbol{A}-\lambda\boldsymbol{E}|=\begin{vmatrix} 2-\lambda & -2 & 0 \\ -2 & 1-\lambda & -2 \\ 0 & -2 & -\lambda \end{vmatrix}=(1-\lambda)(\lambda-4)(\lambda+2)$$

所以矩阵的特征值为 $\lambda_1=-2$，$\lambda_2=1$，$\lambda_3=4$.

对特征值 $\lambda_1=-2$，解方程 $(\boldsymbol{A}+2\boldsymbol{E})\boldsymbol{x}=\begin{pmatrix} 4 & -2 & 0 \\ -2 & 3 & -2 \\ 0 & -2 & 2 \end{pmatrix}\begin{pmatrix} x_1 \\ x_2 \\ x_3 \end{pmatrix}=\begin{pmatrix} 0 \\ 0 \\ 0 \end{pmatrix}$ 得基础解系 $\boldsymbol{\alpha}_1=(1, 2, 2)^{\mathrm{T}}$，将 $\boldsymbol{\alpha}_1$ 单位化得 $\boldsymbol{p}_1=\left(\frac{1}{3}, \frac{2}{3}, \frac{2}{3}\right)^{\mathrm{T}}$.

对特征值 $\lambda_2=1$，解方程 $(\boldsymbol{A}-\boldsymbol{E})\boldsymbol{x}=\begin{pmatrix} 1 & -2 & 0 \\ -2 & 0 & -2 \\ 0 & -2 & -1 \end{pmatrix}\begin{pmatrix} x_1 \\ x_2 \\ x_3 \end{pmatrix}=\begin{pmatrix} 0 \\ 0 \\ 0 \end{pmatrix}$ 得基础解系 $\boldsymbol{\alpha}_2=(2, 1, -2)^{\mathrm{T}}$，将 $\boldsymbol{\alpha}_2$ 单位化得 $\boldsymbol{p}_2=\left(\frac{2}{3}, \frac{1}{3}, -\frac{2}{3}\right)^{\mathrm{T}}$.

对特征值 $\lambda_3=4$，解方程 $(\boldsymbol{A}-4\boldsymbol{E})\boldsymbol{x}=\begin{pmatrix} -2 & -2 & 0 \\ -2 & -3 & -2 \\ 0 & -2 & -4 \end{pmatrix}\begin{pmatrix} x_1 \\ x_2 \\ x_3 \end{pmatrix}=\begin{pmatrix} 0 \\ 0 \\ 0 \end{pmatrix}$ 得基础解系 $\boldsymbol{\alpha}_3=(2, -2, 1)^{\mathrm{T}}$，将 $\boldsymbol{\alpha}_3$ 单位化得 $\boldsymbol{p}_3=\left(\frac{2}{3}, -\frac{2}{3}, \frac{1}{3}\right)^{\mathrm{T}}$.

取 $\boldsymbol{P}=(\boldsymbol{p}_1, \boldsymbol{p}_2, \boldsymbol{p}_3)=\frac{1}{3}\begin{pmatrix} 1 & 2 & 2 \\ 2 & 1 & -2 \\ 2 & -2 & 1 \end{pmatrix}$，则 $\boldsymbol{P}$ 为正交矩阵并使 $\boldsymbol{P}^{-1}\boldsymbol{AP}=\begin{pmatrix} -2 & 0 & 0 \\ 0 & 1 & 0 \\ 0 & 0 & 4 \end{pmatrix}$.

四、证明题

1. **证明** 设 λ 为 n 阶方阵 $\boldsymbol{A}$ 的特征值，$\boldsymbol{\xi}$ 为 $\boldsymbol{A}$ 的属于 λ 的特征向量，则有 $\boldsymbol{A\xi}=\lambda\boldsymbol{\xi}$. 所以 $\boldsymbol{A}^2\boldsymbol{\xi}=\lambda^2\boldsymbol{\xi}=\boldsymbol{\xi}$，即有 $\lambda^2=1$，因此 $\boldsymbol{A}$ 的特征值为 1 或 -1.

2. (1) **解** 设 λ 是 $\boldsymbol{A}$ 的特征值，因为 $\boldsymbol{A}^2=\boldsymbol{A}$，即 $\boldsymbol{A}(\boldsymbol{A}-\boldsymbol{E})=\boldsymbol{0}$，而零矩阵的特征值为 0，所以 $\lambda(\lambda-1)=0$，即 $\lambda=0$ 或 1.

(2) **证明** 因为 $\boldsymbol{A}^2=\boldsymbol{A}$，整理得 $(\boldsymbol{A}+\boldsymbol{E})(\boldsymbol{A}-2\boldsymbol{E})=-2\boldsymbol{E}$，则 $(\boldsymbol{A}+\boldsymbol{E})\left(\frac{\boldsymbol{A}-2\boldsymbol{E}}{2}\right)=\boldsymbol{E}$，故 $\boldsymbol{A}+\boldsymbol{E}$ 可逆。

3. **证明** 由于 $\boldsymbol{A}^{-1}(\boldsymbol{AB})\boldsymbol{A}=\boldsymbol{BA}$，故 $\boldsymbol{AB}\sim\boldsymbol{BA}$.

4. **证明** 由条件知，存在可逆矩阵 $\boldsymbol{F}$ 和 $\boldsymbol{G}$，使得 $\boldsymbol{F}^{-1}\boldsymbol{AF}=\boldsymbol{B}$，$\boldsymbol{G}^{-1}\boldsymbol{CG}=\boldsymbol{D}$，令 $\boldsymbol{H}=\begin{pmatrix}\boldsymbol{F} & \boldsymbol{O}\\ \boldsymbol{O} & \boldsymbol{G}\end{pmatrix}$，则

$$\boldsymbol{H}^{-1}=\begin{pmatrix}\boldsymbol{F}^{-1} & \boldsymbol{O}\\ \boldsymbol{O} & \boldsymbol{G}^{-1}\end{pmatrix}$$

$$\boldsymbol{H}^{-1}\begin{pmatrix}\boldsymbol{A} & \boldsymbol{O}\\ \boldsymbol{O} & \boldsymbol{C}\end{pmatrix}\boldsymbol{H}=\begin{pmatrix}\boldsymbol{F}^{-1} & \boldsymbol{O}\\ \boldsymbol{O} & \boldsymbol{G}^{-1}\end{pmatrix}\begin{pmatrix}\boldsymbol{A} & \boldsymbol{O}\\ \boldsymbol{O} & \boldsymbol{C}\end{pmatrix}\begin{pmatrix}\boldsymbol{F} & \boldsymbol{O}\\ \boldsymbol{O} & \boldsymbol{G}\end{pmatrix}=\begin{pmatrix}\boldsymbol{F}^{-1}\boldsymbol{AF} & \boldsymbol{O}\\ \boldsymbol{O} & \boldsymbol{G}^{-1}\boldsymbol{CG}\end{pmatrix}=\begin{pmatrix}\boldsymbol{B} & \\ & \boldsymbol{D}\end{pmatrix}$$

故 $\begin{pmatrix}\boldsymbol{A} & \boldsymbol{O}\\ \boldsymbol{O} & \boldsymbol{C}\end{pmatrix}$ 与 $\begin{pmatrix}\boldsymbol{B} & \boldsymbol{O}\\ \boldsymbol{O} & \boldsymbol{D}\end{pmatrix}$ 相似.

5. **证明** (1) 因为 $\boldsymbol{A}$ 可逆，而 $|\boldsymbol{A}|$ 等于 $\boldsymbol{A}$ 的 n 个特征值的乘积，所以任一特征值 $\lambda\neq0$，由题意知 $\boldsymbol{A\alpha}=\lambda\boldsymbol{\alpha}$，且 $\boldsymbol{A}^{-1}\boldsymbol{A\alpha}=\lambda\boldsymbol{A}^{-1}\boldsymbol{\alpha}=\boldsymbol{\alpha}$，所以，即 $\boldsymbol{A}^{-1}\boldsymbol{\alpha}=\dfrac{1}{\lambda}\boldsymbol{\alpha}$，即 $\dfrac{1}{\lambda}$ 是 $\boldsymbol{A}^{-1}$ 的特征值.

(2) 因为 $\boldsymbol{A}$ 可逆，而 $|\boldsymbol{A}|$ 等于 $\boldsymbol{A}$ 的 n 个特征值的乘积，所以任一特征值 $\lambda\neq0$，

由题意知 $\boldsymbol{A\alpha}=\lambda\boldsymbol{\alpha}$，且 $\boldsymbol{A}^*\boldsymbol{A\alpha}=|\boldsymbol{A}|\boldsymbol{E\alpha}=|\boldsymbol{A}|\boldsymbol{\alpha}$，所以，$\boldsymbol{A}^*(\lambda\boldsymbol{\alpha})=\lambda\boldsymbol{A}^*\boldsymbol{\alpha}=|\boldsymbol{A}|\boldsymbol{\alpha}$，即 $\boldsymbol{A}^*\boldsymbol{\alpha}=\dfrac{|\boldsymbol{A}|}{\lambda}\boldsymbol{\alpha}$，即 $\dfrac{|\boldsymbol{A}|}{\lambda}$ 是 $\boldsymbol{A}^*$ 的特征值.

6. **证明** $\Rightarrow$ 显然成立.

$\Leftarrow$ 因为 $\boldsymbol{A}$、$\boldsymbol{B}$ 有相同的特征多项式，则 $\boldsymbol{A}$、$\boldsymbol{B}$ 必有相同的特征根. 不妨设这些根为 λ_1，λ_2，…，λ_n，因为 $\boldsymbol{A}$、$\boldsymbol{B}$ 均为 n 阶实对称矩阵，所以存在可逆矩阵 $\boldsymbol{P}$、$\boldsymbol{Q}$ 使得

$$\boldsymbol{P}^{-1}\boldsymbol{AP}=\begin{pmatrix}\lambda_1 & & & \\ & \lambda_2 & & \\ & & \ddots & \\ & & & \lambda_n\end{pmatrix},\ \boldsymbol{Q}^{-1}\boldsymbol{BQ}=\begin{pmatrix}\lambda_1 & & & \\ & \lambda_2 & & \\ & & \ddots & \\ & & & \lambda_n\end{pmatrix}$$

由此可知 $\boldsymbol{P}^{-1}\boldsymbol{AP}=\boldsymbol{Q}^{-1}\boldsymbol{BQ}$，所以有 $\boldsymbol{A}=(\boldsymbol{QP}^{-1})^{-1}\boldsymbol{BQP}^{-1}$，其中 $\boldsymbol{QP}^{-1}$ 是可逆的，因此 $\boldsymbol{A}$ 与 $\boldsymbol{B}$ 相似.

7. **证明** 设 $\boldsymbol{x}_1$、$\boldsymbol{x}_2$ 分别是矩阵 $\boldsymbol{A}$ 属于特征值 λ_1、λ_2 的特征向量，且 $\lambda_1\neq\lambda_2$，则

$$\lambda_1\boldsymbol{x}_1=\boldsymbol{Ax}_1,\ \lambda_2\boldsymbol{x}_2=\boldsymbol{Ax}_2\Rightarrow\lambda_1\boldsymbol{x}_1+\lambda_2\boldsymbol{x}_2=\boldsymbol{A}(\boldsymbol{x}_1+\boldsymbol{x}_2)$$

假设 $\boldsymbol{x}_1+\boldsymbol{x}_2$ 是 $\boldsymbol{A}$ 的属于 λ_3 的特征向量，则 $\boldsymbol{A}(\boldsymbol{x}_1+\boldsymbol{x}_2)=\lambda_3(\boldsymbol{x}_1+\boldsymbol{x}_2)$，故

$$\lambda_1\boldsymbol{x}_1+\lambda_2\boldsymbol{x}_2=\lambda_3(\boldsymbol{x}_1+\boldsymbol{x}_2)$$

整理得

$$(\lambda_1-\lambda_3)\boldsymbol{x}_1+(\lambda_2-\lambda_3)\boldsymbol{x}_2=\boldsymbol{0}$$

因属于不同特征值的特征向量线性无关，故 $\lambda_1=\lambda_2=\lambda_3$，这与 $\lambda_1\neq\lambda_2$ 矛盾. 因此，$\boldsymbol{x}_1+\boldsymbol{x}_2$ 不是 $\boldsymbol{A}$ 的一个特征向量.

8. **证明** (1) 因为 $\boldsymbol{A}$、$\boldsymbol{B}$ 都是正交矩阵，所以 $\boldsymbol{A}^{\mathrm{T}}\boldsymbol{A}=\boldsymbol{E}$，$\boldsymbol{B}^{\mathrm{T}}\boldsymbol{B}=\boldsymbol{E}$.

若记 $\boldsymbol{C}=\begin{pmatrix}\boldsymbol{A} & \boldsymbol{O}\\ \boldsymbol{O} & \boldsymbol{B}\end{pmatrix}$，则

$$\boldsymbol{C}^{\mathrm{T}}\boldsymbol{C}=\begin{pmatrix}\boldsymbol{A} & \boldsymbol{O}\\ \boldsymbol{O} & \boldsymbol{B}\end{pmatrix}^{\mathrm{T}}\begin{pmatrix}\boldsymbol{A} & \boldsymbol{O}\\ \boldsymbol{O} & \boldsymbol{B}\end{pmatrix}=\begin{pmatrix}\boldsymbol{A}^{\mathrm{T}} & \boldsymbol{O}\\ \boldsymbol{O} & \boldsymbol{B}^{\mathrm{T}}\end{pmatrix}\begin{pmatrix}\boldsymbol{A} & \boldsymbol{O}\\ \boldsymbol{O} & \boldsymbol{B}\end{pmatrix}=\begin{pmatrix}\boldsymbol{A}^{\mathrm{T}}\boldsymbol{A} & \boldsymbol{O}\\ \boldsymbol{O} & \boldsymbol{B}^{\mathrm{T}}\boldsymbol{B}\end{pmatrix}=\begin{pmatrix}\boldsymbol{E} & \boldsymbol{O}\\ \boldsymbol{O} & \boldsymbol{E}\end{pmatrix}=\boldsymbol{E}$$

所以 $\boldsymbol{C}$ 也是一个正交矩阵.

(2) 记 $\boldsymbol{D}=\frac{1}{\sqrt{2}}\begin{pmatrix}\boldsymbol{A} & \boldsymbol{A}\\ -\boldsymbol{A} & \boldsymbol{A}\end{pmatrix}$，则

$$\boldsymbol{D}^{\mathrm{T}}\boldsymbol{D}=\left[\frac{1}{\sqrt{2}}\begin{pmatrix}\boldsymbol{A} & \boldsymbol{A}\\ -\boldsymbol{A} & \boldsymbol{A}\end{pmatrix}\right]^{\mathrm{T}}\frac{1}{\sqrt{2}}\begin{pmatrix}\boldsymbol{A} & \boldsymbol{A}\\ -\boldsymbol{A} & \boldsymbol{A}\end{pmatrix}=\frac{1}{2}\begin{pmatrix}\boldsymbol{A}^{\mathrm{T}} & -\boldsymbol{A}^{\mathrm{T}}\\ \boldsymbol{A}^{\mathrm{T}} & \boldsymbol{A}^{\mathrm{T}}\end{pmatrix}\begin{pmatrix}\boldsymbol{A} & \boldsymbol{A}\\ -\boldsymbol{A} & \boldsymbol{A}\end{pmatrix}$$

$$=\frac{1}{2}\begin{pmatrix}2\boldsymbol{A}^{\mathrm{T}}\boldsymbol{A} & \boldsymbol{O}\\ \boldsymbol{O} & 2\boldsymbol{A}^{\mathrm{T}}\boldsymbol{A}\end{pmatrix}=\begin{pmatrix}\boldsymbol{E} & \boldsymbol{O}\\ \boldsymbol{O} & \boldsymbol{E}\end{pmatrix}=\boldsymbol{E}$$

所以 $\boldsymbol{D}$ 也是一个正交矩阵.

9. **证明** 设 $\boldsymbol{A}$ 是一个正交矩阵，λ 是 $\boldsymbol{A}$ 的任一特征值，$\boldsymbol{P}$ 是与其对应的特征向量，$\boldsymbol{AP}=\lambda\boldsymbol{P}$ 成立，故有 $(\overline{\boldsymbol{AP}})^{\mathrm{T}}\boldsymbol{AP}=(\overline{\lambda\boldsymbol{P}})^{\mathrm{T}}\lambda\boldsymbol{P}$，可得

$$\overline{\boldsymbol{P}}^{\mathrm{T}}\overline{\boldsymbol{A}}^{\mathrm{T}}\boldsymbol{AP}=\overline{\boldsymbol{P}}^{\mathrm{T}}\boldsymbol{A}^{\mathrm{T}}\boldsymbol{AP}=\overline{\boldsymbol{P}}^{\mathrm{T}}\boldsymbol{P}=\|\boldsymbol{P}\|^{2}$$

$$(\overline{\lambda\boldsymbol{P}})^{\mathrm{T}}\lambda\boldsymbol{P}=\bar{\lambda}\lambda\overline{\boldsymbol{P}}^{\mathrm{T}}\boldsymbol{P}=|\lambda|^{2}\|\boldsymbol{P}\|^{2}$$

因此 $\|\boldsymbol{P}\|^{2}=|\lambda|^{2}\|\boldsymbol{P}\|^{2}$，故 $|\lambda|^{2}=1$，所以 $|\lambda|=1$.

参 考 文 献

［1］ 刘三阳，马建荣，杨国平．线性代数［M］．2版．北京：高等教育出版社，2009．

［2］ KOLMAN B，HILL D．线性代数及其应用［M］．王殿军，改编．北京：高等教育出版社，2007．

［3］ 高淑萍，马建荣，张鹏鸽，等，线性代数及其应用［M］．2版．西安：西安电子科技大学出版社，2020．

［4］ 张鹏鸽，高淑萍．线性代数疑难释义［M］．西安：西安电子科技大学出版社，2015．

［5］ 高淑萍，张剑湖．线性代数重点、难点、考点辅导与精析［M］．西安：西北工业大学出版社，2014．

［6］ 王萼芳，石生明．高等代数［M］．3版．北京：高等教育出版社，2019．

［7］ LAY D C．线性代数及其应用［M］．刘深泉，张万芹，陈玉珍，等译，北京：机械工业出版社，2017．

［8］ 刘强，孙阳，孙激流．线性代数同步练习与模拟试题［M］．北京：清华大学出版社，2015．

［9］ 杨威．线性代数练习册［M］．西安：西安电子科技大学出版社，2020．

高等学校公共基础课系列教材

线性代数习题册

（实验班）

B

主　编　张乐友　刘三阳　田　阗

副主编　杨国平　张剑湖　于　淼

总码

班　　级：________________

学　　号：________________

姓　　名：________________

西安电子科技大学出版社

内容简介

“线性代数”课程的基本任务是学习矩阵及其运算、行列式、矩阵的秩与线性方程组的求解、向量空间、相似矩阵及二次型等有关知识。学生通过学习线性代数的基本理论及方法，并用这些知识解决一些实际问题，不仅可为学习后续课程打下牢固的数学基础，还可提高逻辑思维和抽象思维能力，以及提高分析问题、解决问题的能力.

为方便学习使用，本书分为A、B两册. A册包括第1章矩阵及其应用、第3章矩阵的秩与线性方程组、第5章相似矩阵；B册包括第2章行列式、第4章向量空间、第6章二次型. 书中习题涵盖了线性代数大纲中的所有知识点，内容编排灵活多变、深入浅出. 每一章的题型由填空题、选择题、计算及证明题等组成，以便多方位考查学生对知识点的掌握情况.

与同类书籍相比，本书略微提升了难度，适当增加了逻辑推理及理论思考题型的比重，适合理工科实验班学生使用，也可作为研究生入学考试的复习参考资料.

前　言

“线性代数”是一门经典的代数课程，也是各高校理工类和经管类等学科的一门重要基础课程。线性代数主要研究线性关系，其核心内容包括矩阵、行列式、线性方程组解的存在性的判定与求解、向量空间、向量组的线性相关性、方阵的特征值和特征向量、方阵的对角化和二次型等. 工程中的许多问题，如密码分析、电路设计、信息隐藏、信号处理、计算机图像处理等技术，都可归结为线性问题来解决，因此线性代数还是一门应用广泛的数学课程. 它不仅是数学专业的基础，也是自然科学、工程技术和经济管理等学科的基础，它将理论、计算和应用融合在一起，为各个学科领域提供通用的分析问题与解决问题的方法，在科学计算与实际应用中起着重要作用.

为适应新一轮科技革命和产业变革的新趋势，深入落实“六卓越一拔尖”计划 2.0 精神，探索拔尖创新人才培养新模式，发挥教育教学改革引领示范作用，更好地开放优质资源，让更多学生受益，西安电子科技大学从每届理工科新生中遴选部分优秀学生进入实验班学习. 本书针对理工科实验班学生数学基础较好、学习热情较高、后期专业学习对数学理论依赖度强的特点，在教学中增加了对数学理论的思考和对工程应用建模的讨论.

本书既注重“去抽象”，即要求在题目中体现基本概念和基本方法，又注重保持理论分析、内容结构的严谨性. 全书注重突出线性代数的基本理论、基本思想和基本计算，以及知识结构的内在关联与统一.

本书与刘三阳等编著的《线性代数》(由高等教育出版社出版)教材配套使用. 本书内容覆盖面广，重点突出，题型多样，能够对学生的学习情况进行全面评价，有助于培养学生解决实际问题的意识和能力，让学生感受到“线性代数”课程的重要性. 对于同一类型的计算题，书中给出了其中几个题目的各种方法的详细计算过程，其余的只给出答案. 对于证明题大都给出了证明；对少数较为简单的题目只给出提示. 做习题是巩固并加深课程内容及灵活处理问题的一个重要学习环节，和其他课程一样，线性代数中解题的方法也是多种多样的，书中的算法及证明只是供读者参考，希望读者能认真学习教材，掌握基本理论及算法，通过独立思考，自己做出正确答案.

本书针对重点和难点题目(在题号前标有 * 号)配有讲解视频，这些数字化资源更有利于学生高效地掌握线性代数的理论知识，提高自主学习能力. 本书在每节的开始以二维码的形式给出了思维导图.

希望本书对读者有所帮助，并希望读者对本书多提宝贵意见，以便进一步改进.

本书为教育部教师教学发展和教学研究虚拟教研室(负责人刘三阳)的成果. 本书得到了西安电子科技大学教材建设基金资助项目的支持。

编　者

2023 年 9 月

目　录

习　题

习题详解

习　　题

第2章　行　列　式

一、选择题

思维导图

1. 如果 n 阶排列 $j_1j_2\cdots j_n$ 的逆序数是 k，则排列 $j_n\cdots j_2j_1$ 的逆序数是(　　).

A. k　　B. $n-k$

C. $\dfrac{n!}{2}-k$　　D. $\dfrac{n(n-1)}{2}-k$

2. 设 $\boldsymbol{A}$、$\boldsymbol{B}$ 均为 n 阶方阵，则必有(　　).

A. $|\boldsymbol{A}+\boldsymbol{B}|=|\boldsymbol{A}|+|\boldsymbol{B}|$　　B. $\boldsymbol{AB}=\boldsymbol{BA}$

C. $|\boldsymbol{AB}|=|\boldsymbol{BA}|$　　D. $|\boldsymbol{A}|^2=|\boldsymbol{B}|^2$

3. 设 $\boldsymbol{A}$ 为 n 阶方阵，且 $|\boldsymbol{A}|\neq 0$，则(　　).

A. $\boldsymbol{A}$ 经初等列变换可变为单位阵 $\boldsymbol{E}$

B. 由 $\boldsymbol{AX}=\boldsymbol{BA}$，可得 $\boldsymbol{X}=\boldsymbol{B}$

C. 当 $(\boldsymbol{A}\mid\boldsymbol{E})$ 经有限次初等变换变为 $(\boldsymbol{E}\mid\boldsymbol{B})$ 时，有 $\boldsymbol{A}^{-1}=\boldsymbol{B}$

D. 以上 A、B、C 都不对

4. 满足下列条件的行列式不一定为零的是(　　).

A. 行列式的转置行列式刚好等于自己

B. 行列式中有两行(列)元素完全相同

C. 行列式中有两行(列)元素成比例

D. 行列式中零元素的个数大于 n^2-n

5. 设 $\boldsymbol{A}$ 为 n 阶矩阵，且 $|\boldsymbol{A}|=2$，则 $||\boldsymbol{A}\mid\boldsymbol{A}^{\mathrm{T}}||=$ (　　).

A. 2^n　　B. 2^{n-1}　　C. 2^{n+1}　　D. 4

6. 方程 $\begin{vmatrix} 1 & x & x^2 \\ 1 & 2 & 4 \\ 1 & 3 & 9 \end{vmatrix}=0$ 实根的个数是(　　).

A. 0　　B. 1　　C. 2　　D. 3

7. $\begin{vmatrix} a^2 & (a+1)^2 & (a+2)^2 & (a+3)^2 \\ b^2 & (b+1)^2 & (b+2)^2 & (b+3)^2 \\ c^2 & (c+1)^2 & (c+2)^2 & (c+3)^2 \\ d^2 & (d+1)^2 & (d+2)^2 & (d+3)^2 \end{vmatrix}=$(　　).

A. 8　　B. 2　　C. 0　　D. -6

*8. 已知 4 阶行列式中第 1 行的元素依次是 -4，0，1，3，第 3 行元素的余子式依次为 -2，5，1，x，则 $x=$(　　).

A. 0　　B. -3　　C. 3　　D. 2

9. 若 $|\boldsymbol{A}|=\begin{vmatrix} -1 & 0 & x & 1 \\ 1 & 1 & -1 & -1 \\ 1 & -1 & 1 & -1 \\ 1 & -1 & -1 & 1 \end{vmatrix}$，则 $|\boldsymbol{A}|$ 中 x 的一次项系数是(　　).

A. 1　　B. -1　　C. 4　　D. -4

*10. 4 阶行列式 $\begin{vmatrix} a_1 & 0 & 0 & b_1 \\ 0 & a_2 & b_2 & 0 \\ 0 & b_3 & a_3 & 0 \\ b_4 & 0 & 0 & a_4 \end{vmatrix}$ 的值等于(　　).

A. $a_1a_2a_3a_4-b_1b_2b_3b_4$　　B. $(a_1a_2-b_1b_2)(a_3a_4-b_3b_4)$

C. $a_1a_2a_3a_4+b_1b_2b_3b_4$　　D. $(a_2a_3-b_2b_3)(a_1a_4-b_1b_4)$

11. 已知 $\boldsymbol{A}=\begin{pmatrix} 1 & 3 & 1 \\ 2 & 2 & 0 \\ 3 & 1 & 1 \end{pmatrix}$，则(　　).

A. $\boldsymbol{A}^{\mathrm{T}}=\boldsymbol{A}$

B. $\boldsymbol{A}^{-1}=\boldsymbol{A}^*$

C. $\boldsymbol{A}\begin{pmatrix} 1 & 0 & 0 \\ 0 & 0 & 1 \\ 0 & 1 & 0 \end{pmatrix}=\begin{pmatrix} 1 & 1 & 3 \\ 2 & 0 & 2 \\ 3 & 1 & 1 \end{pmatrix}$

D. $\begin{pmatrix} 1 & 0 & 0 \\ 0 & 0 & 1 \\ 0 & 1 & 0 \end{pmatrix}\boldsymbol{A}=\begin{pmatrix} 1 & 1 & 3 \\ 2 & 0 & 2 \\ 3 & 1 & 1 \end{pmatrix}$

*12. 设 $\boldsymbol{A}^*$ 是 $\boldsymbol{A}=(a_{ij})_{n\times n}$ 的伴随阵，则 $\boldsymbol{A}^*\boldsymbol{A}$ 中位于(i,j)的元素为(　　).

A. $\sum\limits_{k=1}^{n} a_{jk}A_{ki}$　　B. $\sum\limits_{k=1}^{n} a_{kj}A_{ki}$

C. $\sum\limits_{k=1}^{n} a_{jk}A_{ik}$　　D. $\sum\limits_{k=1}^{n} a_{ki}A_{kj}$

13. 设 $\boldsymbol{A}$，$\boldsymbol{B}$ 为方阵，分块对角阵 $\boldsymbol{C}=\begin{pmatrix} \boldsymbol{A} & \boldsymbol{O} \\ \boldsymbol{O} & \boldsymbol{B} \end{pmatrix}$，则 $\boldsymbol{C}^*=$(　　).

A. $\begin{pmatrix} \boldsymbol{A}^* & \boldsymbol{O} \\ \boldsymbol{O} & \boldsymbol{B}^* \end{pmatrix}$

B. $\begin{pmatrix} |\boldsymbol{A}|\boldsymbol{A}^* & \boldsymbol{O} \\ \boldsymbol{O} & |\boldsymbol{B}|\boldsymbol{B}^* \end{pmatrix}$

C. $\begin{pmatrix} |\boldsymbol{B}|\boldsymbol{A}^* & \boldsymbol{O} \\ \boldsymbol{O} & |\boldsymbol{A}|\boldsymbol{B}^* \end{pmatrix}$

D. $\begin{pmatrix} |\boldsymbol{A}|\,|\boldsymbol{B}|\boldsymbol{A}^* & \boldsymbol{O} \\ \boldsymbol{O} & |\boldsymbol{A}|\,|\boldsymbol{B}|\boldsymbol{B}^* \end{pmatrix}$

14. 已知二元线性方程组$\begin{cases} a_{11}x_1+a_{12}x_2+b_1=0 \\ a_{21}x_1+a_{22}x_2+b_2=0 \end{cases}$的系数行列式$\begin{vmatrix} a_{11} & a_{12} \\ a_{21} & a_{22} \end{vmatrix}\neq 0$，则 $x_1=$ (　　).

A. $\dfrac{\begin{vmatrix} b_1 & a_{12} \\ b_2 & a_{22} \end{vmatrix}}{\begin{vmatrix} a_{11} & a_{12} \\ a_{21} & a_{22} \end{vmatrix}}$　　B. $\dfrac{\begin{vmatrix} a_{11} & b_1 \\ a_{21} & b_2 \end{vmatrix}}{\begin{vmatrix} a_{11} & a_{12} \\ a_{21} & a_{22} \end{vmatrix}}$

C. $\dfrac{\begin{vmatrix} -b_1 & a_{12} \\ -b_2 & a_{22} \end{vmatrix}}{\begin{vmatrix} a_{11} & a_{12} \\ a_{21} & a_{22} \end{vmatrix}}$　　D. $\dfrac{\begin{vmatrix} -b_1 & a_{12} \\ b_2 & a_{22} \end{vmatrix}}{\begin{vmatrix} a_{11} & a_{12} \\ a_{21} & a_{22} \end{vmatrix}}$

15. 下列说法正确的是(　　).

A. 若线性方程组的系数行列式不等于零，则它只有零解

B. 若齐次线性方程组的系数行列式不等于零，则它只有零解

C. 若线性方程组存在非零解，则必有系数行列式等于零

D. 只有当线性方程组无解时才有它的系数行列式为零

二、填空题

1. $2n$ 阶排列 $24\cdots(2n)13\cdots(2n-1)$ 的逆序数是________.

2. 4 阶行列式中包含 $a_{22}a_{43}$ 且带正号的项是________________.

3. 若一个 n 阶行列式中至少有 n^2-n+1 个元素等于 0，则这个行列式的值等于________.

*4. 设 $\boldsymbol{A}=\begin{pmatrix} \frac{1}{2} & -\frac{\sqrt{3}}{2} \\ \frac{\sqrt{3}}{2} & \frac{1}{2} \end{pmatrix}$，且已知 $\boldsymbol{A}^6=\boldsymbol{E}$，则行列式 $|\boldsymbol{A}^{11}|=$________.

5. 如果 $D=\begin{vmatrix} a_{11} & a_{12} & a_{13} \\ a_{21} & a_{22} & a_{23} \\ a_{31} & a_{32} & a_{33} \end{vmatrix}=M$，则 $D_1=\begin{vmatrix} a_{11} & a_{13}-3a_{12} & 3a_{12} \\ a_{21} & a_{23}-3a_{22} & 3a_{22} \\ a_{31} & a_{33}-3a_{32} & 3a_{32} \end{vmatrix}=$________.

6. 设方阵 $\boldsymbol{A}=\begin{pmatrix} b_1 & x_1 & c_1 \\ b_2 & x_2 & c_2 \\ b_3 & x_3 & c_3 \end{pmatrix}$，$\boldsymbol{B}=\begin{pmatrix} b_1 & y_1 & c_1 \\ b_2 & y_2 & c_2 \\ b_3 & y_3 & c_3 \end{pmatrix}$，且 $|\boldsymbol{A}|=-2$，$|\boldsymbol{B}|=3$，则行列式

$|\boldsymbol{A}+\boldsymbol{B}|=$________.

7. 设 $\boldsymbol{A}=\begin{pmatrix}1 & -2\\ 0 & 1\end{pmatrix}$，$g(x)=\begin{vmatrix}x & -1\\ -3 & x+2\end{vmatrix}$，则 $g(\boldsymbol{A})=$________.

8. 设 $\boldsymbol{A}$，$\boldsymbol{B}$ 是 3 阶方阵，已知 $|\boldsymbol{A}|=-1$，$|\boldsymbol{B}|=2$，则 $\begin{vmatrix}2\boldsymbol{A} & \boldsymbol{A}\\ \boldsymbol{O} & -\boldsymbol{B}\end{vmatrix}=$________.

9. 设 $\boldsymbol{A}_1$ 是 m 阶矩阵，$\boldsymbol{A}_2$ 是 n 阶矩阵，则 $|\boldsymbol{A}|=\begin{vmatrix}\boldsymbol{O} & \boldsymbol{A}_1\\ \boldsymbol{A}_2 & \boldsymbol{O}\end{vmatrix}=$______________.

10. 行列式 $D=\begin{vmatrix}5 & 3 & -1 & 2 & 0\\ 1 & 7 & 2 & 5 & 2\\ 0 & -2 & 3 & 1 & 0\\ 0 & -4 & -1 & 4 & 0\\ 0 & 2 & 3 & 5 & 0\end{vmatrix}=$________.

11. 已知 3 阶行列式中第 2 列的元素依次为 1，2，3，其对应的余子式依次为 3，2，1，则该行列式的值为______________.

12. 已知 $D=\begin{vmatrix}a & b & c & a\\ c & b & a & b\\ b & a & c & c\\ a & c & b & d\end{vmatrix}$，$D$ 中第 4 列元素的代数余子式的和为________.

*13. 设行列式 $D=\begin{vmatrix}1 & 2 & 3 & 4\\ 3 & 3 & 4 & 4\\ 1 & 5 & 6 & 7\\ 1 & 1 & 2 & 2\end{vmatrix}=-6$，$A_{4j}$ 为 $a_{4j}(j=1, 2, 3, 4)$的代数余子式，则 $A_{41}+A_{42}=$________，$A_{43}+A_{44}=$________.

*14. 行列式 $\begin{vmatrix}1 & -1 & 1 & x-1\\ 1 & -1 & x+1 & -1\\ 1 & x-1 & 1 & -1\\ x+1 & -1 & 1 & -1\end{vmatrix}=$________.

15. n 阶行列式 $\begin{vmatrix}1+\lambda & 1 & \cdots & 1\\ 1 & 1+\lambda & \cdots & 1\\ \vdots & \vdots & & \vdots\\ 1 & 1 & \cdots & 1+\lambda\end{vmatrix}=$________________.

16. 设 $\boldsymbol{A}$ 为 5 阶方阵，$\boldsymbol{A}^*$ 是其伴随矩阵，且 $|\boldsymbol{A}|=3$，则 $|\boldsymbol{A}^*|=$________.

17. 已知 3 阶矩阵 $\boldsymbol{A}$ 满足 $|\boldsymbol{A}|=3$，则 $|(3\boldsymbol{A})^{-1}-\boldsymbol{A}^*|=$________.

18. 若齐次线性方程组 $\begin{cases}x_1+2x_2+x_3=0\\ 2x_2+5x_3=0\\ -3x_1-2x_2+kx_3=0\end{cases}$ 有非零解，则 $k=$________.

三、计算证明题

1. 计算行列式 $D_n=\begin{vmatrix} 0 & \cdots & 0 & 1 & 0 \\ 0 & \cdots & 2 & 0 & 0 \\ \vdots & & \vdots & \vdots & \vdots \\ n-1 & \cdots & 0 & 0 & 0 \\ 0 & \cdots & 0 & 0 & n \end{vmatrix}$.

2. 计算行列式 $\begin{vmatrix} ab & -ac & -ae \\ -bd & cd & -de \\ -bf & -cf & -ef \end{vmatrix}$.

3. 计算行列式 $D=\begin{vmatrix} -a_1 & a_1 & 0 & \cdots & 0 & 0 \\ 0 & -a_2 & a_2 & \cdots & 0 & 0 \\ 0 & 0 & -a_3 & \cdots & 0 & 0 \\ \vdots & \vdots & \vdots & & \vdots & \vdots \\ 0 & 0 & 0 & \cdots & -a_n & a_n \\ 1 & 1 & 1 & \cdots & 1 & 1 \end{vmatrix}$.

4. 计算 n 阶行列式 $D=\begin{vmatrix} a & b & b & \cdots & b \\ b & a & b & \cdots & b \\ b & b & a & \cdots & b \\ \vdots & \vdots & \vdots & & \vdots \\ b & b & b & \cdots & a \end{vmatrix}$.

5. 一个 n 阶行列式 $D_n=|a_{ij}|$ 的元素满足 $a_{ij}=-a_{ji}(i, j=1, 2, \cdots, n)$，则称 D_n 为反对称行列式，证明：奇数阶反对称行列式为零.

6. 证明 $\begin{vmatrix} a_0 & 1 & 1 & \cdots & 1 \\ 1 & a_1 & 0 & \cdots & 0 \\ 1 & 0 & a_2 & \cdots & 0 \\ \vdots & \vdots & \vdots & & \vdots \\ 1 & 0 & 0 & \cdots & a_n \end{vmatrix}=a_1a_2\cdots a_n\left(a_0-\sum_{i=1}^{n}\frac{1}{a_i}\right)(a_1a_2\cdots a_n\neq 0)$.

$*$7. 设 $f(x)=\begin{vmatrix} 1 & x-1 & 2x^2-1 \\ 1 & x-2 & 3x^3-2 \\ 1 & x-3 & 4x^4-3 \end{vmatrix}$，证明存在 $\zeta\in(0,1)$，使 $f'(\zeta)=0$.

8. 用降阶法计算下列行列式.

(1) $\begin{vmatrix} 1 & 1 & -1 & 2 \\ -5 & 1 & 3 & -1 \\ 2 & 0 & 1 & -1 \\ 1 & -5 & 3 & -3 \end{vmatrix}$；　(2) $\begin{vmatrix} a & b & c & d \\ b & a & d & c \\ c & d & a & b \\ d & c & b & a \end{vmatrix}$.

9. 设 $D=\begin{vmatrix} 1 & 2 & 3 \\ 1 & 0 & -1 \\ -2 & 0 & 3 \end{vmatrix}$ 中 a_{ij} 元素的余子式和代数余子式分别为 M_{ij} 和 A_{ij}，求：

(1) D；

(2) $a_{11}A_{11}+a_{12}A_{12}+a_{13}A_{13}$；

(3) $a_{21}A_{11}+a_{22}A_{12}+a_{23}A_{13}$；

(4) $A_{11}+A_{22}+A_{33}$；

(5) $A_{11}+A_{12}+A_{13}$；

(6) $M_{11}-M_{12}+M_{13}$.

10. 计算行列式 $D=\begin{vmatrix} a & -1 & 0 & 0 \\ 1 & b & -1 & 0 \\ 0 & 1 & c & -1 \\ 0 & 0 & 1 & d \end{vmatrix}$.

11. 计算 n 阶行列式 $D_n=\begin{vmatrix} a & 0 & 0 & \cdots & 0 & 1 \\ 0 & a & 0 & \cdots & 0 & 0 \\ 0 & 0 & a & \cdots & 0 & 0 \\ \vdots & \vdots & \vdots & & \vdots & \vdots \\ 0 & 0 & 0 & \cdots & a & 0 \\ 1 & 0 & 0 & \cdots & 0 & a \end{vmatrix}$.

12. 证明 $\begin{vmatrix} a^2 & ab & b^2 \\ 2a & a+b & 2b \\ 1 & 1 & 1 \end{vmatrix}=(a-b)^3$.

13. 设$\boldsymbol{\alpha}_1$，$\boldsymbol{\alpha}_2$，…，$\boldsymbol{\alpha}_n$为n维列向量，$\boldsymbol{\beta}_1=\boldsymbol{\alpha}_1+\boldsymbol{\alpha}_2$，$\boldsymbol{\beta}_2=\boldsymbol{\alpha}_2+\boldsymbol{\alpha}_3$，…，$\boldsymbol{\beta}_n=\boldsymbol{\alpha}_n+\boldsymbol{\alpha}_1$，方阵$\boldsymbol{A}=(\boldsymbol{\alpha}_1, \boldsymbol{\alpha}_2, \cdots, \boldsymbol{\alpha}_n)$，$\boldsymbol{B}=(\boldsymbol{\beta}_1, \boldsymbol{\beta}_2, \cdots, \boldsymbol{\beta}_n)$，如果$|\boldsymbol{A}|=1012$，求$|\boldsymbol{B}|$的值.

14. 证明 $D_{2n}=\begin{vmatrix} a & & & 0 & 0 & & & b \\ & \ddots & & & & & \iddots & \\ 0 & & & a & b & & & 0 \\ 0 & & & c & d & & & 0 \\ & \iddots & & & & & \ddots & \\ c & & & 0 & 0 & & & d \end{vmatrix}=(ad-bc)^n$.

* 15. 证明 $\begin{vmatrix} 1+a_1 & 1 & \cdots & 1 \\ 1 & 1+a_2 & \cdots & 1 \\ \vdots & \vdots & & \vdots \\ 1 & 1 & \cdots & 1+a_n \end{vmatrix} = \left[1+\sum_{i=1}^{n}\frac{1}{a_i}\right]\prod_{i=1}^{n}a_i(a_1,\ a_2,\ a_n\neq 0)$.

* 16. 计算行列式 $D=\begin{vmatrix} 1 & 1 & \cdots & 1 \\ x_1+1 & x_2+1 & \cdots & x_n+1 \\ x_1^2+x_1 & x_2^2+x_2 & \cdots & x_n^2+x_n \\ \vdots & \vdots & & \vdots \\ x_1^{n-1}+x_1^{n-2} & x_2^{n-1}+x_2^{n-2} & \cdots & x_n^{n-1}+x_n^{n-2} \end{vmatrix}$.

17. 计算 n 阶行列式(其中 $a_i \neq 0$, $i=1, 2, \cdots, n$).

$$D_n=\begin{vmatrix} a_1^{n-1} & a_2^{n-1} & a_3^{n-1} & \cdots & a_n^{n-1} \\ a_1^{n-2}b_1 & a_2^{n-2}b_2 & a_3^{n-2}b_3 & \cdots & a_n^{n-2}b_n \\ \vdots & \vdots & \vdots & & \vdots \\ a_1b_1^{n-2} & a_2b_2^{n-2} & a_3b_3^{n-2} & \cdots & a_nb_n^{n-2} \\ b_1^{n-1} & b_2^{n-1} & b_3^{n-1} & \cdots & b_n^{n-1} \end{vmatrix}$$

18. 设 $\boldsymbol{A}^{-1}\boldsymbol{B}\boldsymbol{A}=\boldsymbol{A}^{*}\boldsymbol{B}-\boldsymbol{E}$, $\boldsymbol{A}^{*}=\begin{pmatrix} 2 & 2 & 2 \\ 2 & 6 & 4 \\ 3 & 6 & 8 \end{pmatrix}$为 $\boldsymbol{A}$ 的伴随矩阵，试求矩阵 $\boldsymbol{B}$.

19. 设 2 阶矩阵 $\boldsymbol{A}=\begin{pmatrix}3 & 2\\2 & 1\end{pmatrix}$，$\boldsymbol{P}=\begin{pmatrix}0 & 1\\1 & 1\end{pmatrix}$，矩阵 $\boldsymbol{B}$ 满足关系式 $\boldsymbol{PB}=\boldsymbol{A}^*\boldsymbol{P}$，计算行列式 $|\boldsymbol{B}|$ 的值.

20. λ、μ 取何值时，齐次线性方程组 $\begin{cases}\lambda x_1+x_2+x_3=0\\x_1+\mu x_2+x_3=0\\x_1+2\mu x_2+x_3=0\end{cases}$ 只有零解？

21. 已知方程组$\begin{cases} x_1+x_2+x_3=a \\ ax_1+x_2+(a-1)x_3=a-1 \\ x_1+ax_2+x_3=1 \end{cases}$. 讨论 a 取何值时方程组有唯一解，并求其唯一解.

第 4 章 向量空间

一、选择题

思维导图

1. 向量组 $\boldsymbol{a}_1, \boldsymbol{a}_2, \cdots, \boldsymbol{a}_s$ 线性相关的充分必要条件是(　　).

A. $\boldsymbol{a}_1, \boldsymbol{a}_2, \cdots, \boldsymbol{a}_s$ 中含有零向量

B. $\boldsymbol{a}_1, \boldsymbol{a}_2, \cdots, \boldsymbol{a}_s$ 中有两个向量的对应分量成比例

C. $\boldsymbol{a}_1, \boldsymbol{a}_2, \cdots, \boldsymbol{a}_s$ 中每一个向量都可用其余 $s-1$ 个向量线性表示

D. $\boldsymbol{a}_1, \boldsymbol{a}_2, \cdots, \boldsymbol{a}_s$ 中至少有一个向量可由其余 $s-1$ 个向量线性表示

2. 设 $\boldsymbol{\alpha}_1=(0, 0, c_1)^{\mathrm{T}}$, $\boldsymbol{\alpha}_2=(0, 1, c_2)^{\mathrm{T}}$, $\boldsymbol{\alpha}_3=(1, -1, c_3)^{\mathrm{T}}$, $\boldsymbol{\alpha}_4=(-1, 1, c_4)^{\mathrm{T}}$. 其中 c_1, c_2, c_3, c_4 为任意常数，则下列向量组线性相关的是(　　).

A. $\boldsymbol{\alpha}_1, \boldsymbol{\alpha}_2, \boldsymbol{\alpha}_3$　　　　B. $\boldsymbol{\alpha}_1, \boldsymbol{\alpha}_2, \boldsymbol{\alpha}_4$

C. $\boldsymbol{\alpha}_1, \boldsymbol{\alpha}_3, \boldsymbol{\alpha}_4$　　　　D. $\boldsymbol{\alpha}_2, \boldsymbol{\alpha}_3, \boldsymbol{\alpha}_4$

3. 若向量组 $\boldsymbol{\alpha}_1=(1, t+1, 0)$, $\boldsymbol{\alpha}_2=(1, 2, 0)$, $\boldsymbol{\alpha}_3(0, 0, t^2+1)$线性相关，则实数 $t=$(　　).

A. 0　　B. 1　　C. 2　　D. 3

4. 向量组 $\boldsymbol{\alpha}_1, \boldsymbol{\alpha}_2, \cdots, \boldsymbol{\alpha}_s (s\geqslant 2)$线性无关的充分条件是(　　).

A. $\boldsymbol{\alpha}_1, \boldsymbol{\alpha}_2, \cdots, \boldsymbol{\alpha}_s (s\geqslant 2)$均不是零向量

B. $\boldsymbol{\alpha}_1, \boldsymbol{\alpha}_2, \cdots, \boldsymbol{\alpha}_s (s\geqslant 2)$中任意两个向量都不成比例

C. $\boldsymbol{\alpha}_1, \boldsymbol{\alpha}_2, \cdots, \boldsymbol{\alpha}_s (s\geqslant 2)$中任意一个向量均不能由其余 $s-1$ 个向量线性表示

D. $\boldsymbol{\alpha}_1, \boldsymbol{\alpha}_2, \cdots, \boldsymbol{\alpha}_s (s\geqslant 2)$中有一个部分组线性无关

5. 设向量 $\boldsymbol{\alpha}_1=(a_1, b_1, c_1)$, $\boldsymbol{\alpha}_2=(a_2, b_2, c_2)$, $\boldsymbol{\beta}_1=(a_1, b_1, c_1, d_1)$, $\boldsymbol{\beta}_2=(a_2, b_2, c_2, d_2)$，下列命题中正确的是(　　).

A. 若 $\boldsymbol{\alpha}_1$、$\boldsymbol{\alpha}_2$ 线性相关，则必有 $\boldsymbol{\beta}_1$、$\boldsymbol{\beta}_2$ 线性相关

B. 若 $\boldsymbol{\alpha}_1$、$\boldsymbol{\alpha}_2$ 线性无关，则必有 $\boldsymbol{\beta}_1$、$\boldsymbol{\beta}_2$ 线性无关

C. 若 $\boldsymbol{\beta}_1$、$\boldsymbol{\beta}_2$ 线性相关，则必有 $\boldsymbol{\alpha}_1$、$\boldsymbol{\alpha}_2$ 线性无关

D. 若 $\boldsymbol{\beta}_1$、$\boldsymbol{\beta}_2$ 线性无关，则必有 $\boldsymbol{\alpha}_1$、$\boldsymbol{\alpha}_2$ 线性相关

6. 设 n 维向量组 $\boldsymbol{\alpha}_1, \boldsymbol{\alpha}_2, \cdots, \boldsymbol{\alpha}_s$ 线性无关，则 n 维向量组 $\boldsymbol{\beta}_1, \boldsymbol{\beta}_2, \cdots, \boldsymbol{\beta}_s$ 也线性无关的充分必要条件为(　　).

A. $\boldsymbol{\alpha}_1, \boldsymbol{\alpha}_2, \cdots, \boldsymbol{\alpha}_s$ 可以用 $\boldsymbol{\beta}_1, \boldsymbol{\beta}_2, \cdots, \boldsymbol{\beta}_s$ 线性表示

B. $\boldsymbol{\beta}_1, \boldsymbol{\beta}_2, \cdots, \boldsymbol{\beta}_s$ 可以用 $\boldsymbol{\alpha}_1, \boldsymbol{\alpha}_2, \cdots, \boldsymbol{\alpha}_s$ 线性表示

C. $\boldsymbol{\alpha}_1, \boldsymbol{\alpha}_2, \cdots, \boldsymbol{\alpha}_s$ 和 $\boldsymbol{\beta}_1, \boldsymbol{\beta}_2, \cdots, \boldsymbol{\beta}_s$ 等价

D. 矩阵$(\boldsymbol{\alpha}_1, \boldsymbol{\alpha}_2, \cdots, \boldsymbol{\alpha}_s)$和$(\boldsymbol{\beta}_1, \boldsymbol{\beta}_2, \cdots, \boldsymbol{\beta}_s)$等价

7. 设向量组 $\boldsymbol{a}_1, \boldsymbol{a}_2, \boldsymbol{a}_3$ 线性无关，则下列向量组线性相关的是(　　).

A. $\boldsymbol{a}_1-\boldsymbol{a}_2, \boldsymbol{a}_2-\boldsymbol{a}_3, \boldsymbol{a}_3-\boldsymbol{a}_1$　　　　B. $\boldsymbol{a}_1+\boldsymbol{a}_2, \boldsymbol{a}_2+\boldsymbol{a}_3, \boldsymbol{a}_3+\boldsymbol{a}_1$

C. $\boldsymbol{a}_1-2\boldsymbol{a}_2$，$\boldsymbol{a}_2-2\boldsymbol{a}_3$，$\boldsymbol{a}_3-2\boldsymbol{a}_1$　　　　D. $\boldsymbol{a}_1+2\boldsymbol{a}_2$，$\boldsymbol{a}_2+2\boldsymbol{a}_3$，$\boldsymbol{a}_3+2\boldsymbol{a}_1$

8. 已知 n 维向量组 $\boldsymbol{A}$：$\boldsymbol{\alpha}_1$，$\boldsymbol{\alpha}_2$，…，$\boldsymbol{\alpha}_s$ 与 n 维向量组 $\boldsymbol{B}$：$\boldsymbol{\beta}_1$，$\boldsymbol{\beta}_2$，… $\boldsymbol{\beta}_t$ 有相同的秩 r，则下列说法错误的是(　　).

A. 如果 $\boldsymbol{A}\subseteq\boldsymbol{B}$，则 $\boldsymbol{A}$ 与 $\boldsymbol{B}$ 等价

B. 当 $s=t$ 时，$\boldsymbol{A}$ 与 $\boldsymbol{B}$ 等价

C. 当 $\boldsymbol{A}$ 可由 $\boldsymbol{B}$ 线性表出时，$\boldsymbol{A}$ 与 $\boldsymbol{B}$ 等价

D. 当 $R(\boldsymbol{\alpha}_1, \boldsymbol{\alpha}_2, \cdots, \boldsymbol{\alpha}_s, \boldsymbol{\beta}_1, \boldsymbol{\beta}_2, \cdots, \boldsymbol{\beta}_t)=r$ 时，$\boldsymbol{A}$ 与 $\boldsymbol{B}$ 等价

9. 设 $\boldsymbol{A}$，$\boldsymbol{B}$ 为满足 $\boldsymbol{AB}=\boldsymbol{O}$ 的任意两个非零矩阵，则必有(　　).

A. $\boldsymbol{A}$ 的列向量组线性相关，$\boldsymbol{B}$ 的行向量组线性相关

B. $\boldsymbol{A}$ 的列向量组线性相关，$\boldsymbol{B}$ 的列向量组线性相关

C. $\boldsymbol{A}$ 的行向量组线性相关，$\boldsymbol{B}$ 的行向量组线性相关

D. $\boldsymbol{A}$ 的行向量组线性相关，$\boldsymbol{B}$ 的列向量组线性相关

10. 设 $\boldsymbol{A}$ 为 n 阶方阵，$R(\boldsymbol{A})=r<n$，则 $\boldsymbol{A}$ 的行向量中(　　).

A. 必有 r 个行向量线性无关

B. 任意 r 个行向量构成极大线性无关组

C. 任意 r 个行向量线性相关

D. 任一行都可由其余 r 个行向量线性表示

11. 若 $\boldsymbol{\alpha}_1$，$\boldsymbol{\alpha}_2$，…，$\boldsymbol{\alpha}_s$ 均为 n 维列向量，$\boldsymbol{A}$ 是 $m\times n$ 矩阵，则有(　　).

A. 若 $\boldsymbol{\alpha}_1$，$\boldsymbol{\alpha}_2$，…，$\boldsymbol{\alpha}_s$ 相关，则 $\boldsymbol{A\alpha}_1$，$\boldsymbol{A\alpha}_2$，…，$\boldsymbol{A\alpha}_s$ 必相关

B. 若 $\boldsymbol{\alpha}_1$，$\boldsymbol{\alpha}_2$，…，$\boldsymbol{\alpha}_s$ 相关，则 $\boldsymbol{A\alpha}_1$，$\boldsymbol{A\alpha}_2$，…，$\boldsymbol{A\alpha}_s$ 必无关

C. 若 $\boldsymbol{\alpha}_1$，$\boldsymbol{\alpha}_2$，…，$\boldsymbol{\alpha}_s$ 无关，则 $\boldsymbol{A\alpha}_1$，$\boldsymbol{A\alpha}_2$，…，$\boldsymbol{A\alpha}_s$ 必相关

D. 若 $\boldsymbol{\alpha}_1$，$\boldsymbol{\alpha}_2$，…，$\boldsymbol{\alpha}_s$ 无关，则 $\boldsymbol{A\alpha}_1$，$\boldsymbol{A\alpha}_2$，…，$\boldsymbol{A\alpha}_s$ 必无关

12. 已知 n 维向量组 $\boldsymbol{A}$：$\boldsymbol{\alpha}_1$，$\boldsymbol{\alpha}_2$，…，$\boldsymbol{\alpha}_s$ 与 n 维向量组 $\boldsymbol{B}$：$\boldsymbol{\alpha}_1$，$\boldsymbol{\alpha}_2$，…，$\boldsymbol{\alpha}_s$，$\boldsymbol{\alpha}_{s+1}$，$\boldsymbol{\alpha}_{s+2}$，…，$\boldsymbol{\alpha}_{s+l}$，若 $R(\boldsymbol{A})=p$，$R(\boldsymbol{B})=q$，则下列条件中不能判定 $\boldsymbol{A}$ 是 $\boldsymbol{B}$ 的极大无关组的是(　　).

A. $p=q$，且 $\boldsymbol{B}$ 可由 $\boldsymbol{A}$ 线性表出

B. $s=q$，且 $\boldsymbol{A}$ 与 $\boldsymbol{B}$ 是等价向量组

C. $p=q$，且 $\boldsymbol{A}$ 线性无关

D. $p=q=s$

13. 设 $m\times n$ 矩阵 $\boldsymbol{A}$ 的秩为 $n-1$，且 ξ_1、ξ_2 是齐次线性方程组 $\boldsymbol{Ax}=\boldsymbol{0}$ 的两个不同的解，则 $\boldsymbol{Ax}=\boldsymbol{0}$ 的通解为(　　).

A. $k\xi_1$，$k\in\mathbf{R}$　　　　B. $k\xi_2$，$k\in\mathbf{R}$

C. $k\xi_1+\xi_2$，$k\in\mathbf{R}$　　　　D. $k(\xi_1-\xi_2)$，$k\in\mathbf{R}$

14. 设 $\boldsymbol{\alpha}_1$，$\boldsymbol{\alpha}_2$，$\boldsymbol{\alpha}_3$，$\boldsymbol{\alpha}_4$ 是一个 4 维向量组，若已知 $\boldsymbol{\alpha}_4$ 可以表为 $\boldsymbol{\alpha}_1$，$\boldsymbol{\alpha}_2$，$\boldsymbol{\alpha}_3$ 的线性组合，且表示法唯一，则向量组 $\boldsymbol{\alpha}_1$，$\boldsymbol{\alpha}_2$，$\boldsymbol{\alpha}_3$，$\boldsymbol{\alpha}_4$ 的秩为(　　).

A. 1　　　　B. 2　　　　C. 3　　　　D. 4

15. 设有齐次线性方程组 $\boldsymbol{Ax}=\boldsymbol{0}$ 和 $\boldsymbol{Bx}=\boldsymbol{0}$，其中 $\boldsymbol{A}$、$\boldsymbol{B}$ 均为 $m\times n$ 矩阵，现有 4 个命题：

(1) 若 $\boldsymbol{Ax}=\boldsymbol{0}$ 的解均是 $\boldsymbol{Bx}=\boldsymbol{0}$ 的解，则 $R(\boldsymbol{A})\geqslant R(\boldsymbol{B})$.

(2) 若 $R(\boldsymbol{A}) \geqslant R(\boldsymbol{B})$，则 $\boldsymbol{Ax}=\boldsymbol{0}$ 的解均是 $\boldsymbol{Bx}=\boldsymbol{0}$ 的解.

(3) 若 $\boldsymbol{Ax}=\boldsymbol{0}$ 与 $\boldsymbol{Bx}=\boldsymbol{0}$ 同解，则 $R(\boldsymbol{A})=R(\boldsymbol{B})$.

(4) 若 $R(\boldsymbol{A})=R(\boldsymbol{B})$，则 $\boldsymbol{Ax}=\boldsymbol{0}$ 与 $\boldsymbol{Bx}=\boldsymbol{0}$ 同解.

以上命题中正确的是(　　).

A. (1) (2)　　B. (1) (3)　　C. (2) (4)　　D. (3) (4)

16. n 元非齐次线性方程组 $\boldsymbol{Ax}=\boldsymbol{b}$ 与其对应的齐次线性方程组 $\boldsymbol{Ax}=\boldsymbol{0}$ 满足(　　).

A. 若 $\boldsymbol{Ax}=\boldsymbol{0}$ 有唯一解，则 $\boldsymbol{Ax}=\boldsymbol{b}$ 也有唯一解

B. 若 $\boldsymbol{Ax}=\boldsymbol{b}$ 有无穷多解，则 $\boldsymbol{Ax}=\boldsymbol{0}$ 也有无穷多解

C. 若 $\boldsymbol{Ax}=\boldsymbol{0}$ 有无穷多解，则 $\boldsymbol{Ax}=\boldsymbol{b}$ 只有零解

D. 若 $\boldsymbol{Ax}=\boldsymbol{0}$ 有唯一解，则 $\boldsymbol{Ax}=\boldsymbol{b}$ 无解

17. 已知 $\boldsymbol{\alpha}_1$，$\boldsymbol{\alpha}_2$，$\boldsymbol{\alpha}_3$ 是齐次线性方程组 $\boldsymbol{Ax}=\boldsymbol{0}$ 的基础解系，那么基础解系还可以是(　　).

A. $k_1\boldsymbol{\alpha}_1+k_2\boldsymbol{\alpha}_2+k_3\boldsymbol{\alpha}_3$

B. $\boldsymbol{\alpha}_1+\boldsymbol{\alpha}_2$，$\boldsymbol{\alpha}_2+\boldsymbol{\alpha}_3$，$\boldsymbol{\alpha}_3+\boldsymbol{\alpha}_1$

C. $\boldsymbol{\alpha}_1-\boldsymbol{\alpha}_2$，$\boldsymbol{\alpha}_2-\boldsymbol{\alpha}_3$，$\boldsymbol{\alpha}_3-\boldsymbol{\alpha}_1$

D. $\boldsymbol{\alpha}_1$，$\boldsymbol{\alpha}_1-\boldsymbol{\alpha}_2+\boldsymbol{\alpha}_3$，$\boldsymbol{\alpha}_3-\boldsymbol{\alpha}_2$

18. 设 3 元线性方程组 $\boldsymbol{Ax}=\boldsymbol{b}$，$\boldsymbol{A}$ 的秩为 2，$\boldsymbol{\eta}_1$、$\boldsymbol{\eta}_2$、$\boldsymbol{\eta}_3$ 为方程组的解，$\boldsymbol{\eta}_1+\boldsymbol{\eta}_2=(2, 0, 4)^{\mathrm{T}}$，$\boldsymbol{\eta}_1+\boldsymbol{\eta}_3=(1, -2, 1)^{\mathrm{T}}$，则对任意常数 k，方程组 $\boldsymbol{Ax}=\boldsymbol{b}$ 的通解为(　　).

A. $(1, 0, 2)^{\mathrm{T}}+k(1, -2, 1)^{\mathrm{T}}$　　B. $(1, -2, 1)^{\mathrm{T}}+k(2, 0, 4)^{\mathrm{T}}$

C. $(2, 0, 4)^{\mathrm{T}}+k(1, -2, 1)^{\mathrm{T}}$　　D. $(1, 0, 2)^{\mathrm{T}}+k(1, 2, 3)^{\mathrm{T}}$

19. 设 $\boldsymbol{A}=(\boldsymbol{\alpha}_1, \boldsymbol{\alpha}_2, \boldsymbol{\alpha}_3, \boldsymbol{\alpha}_4)$是 4 阶矩阵，$\boldsymbol{A}^*$ 为 $\boldsymbol{A}$ 的伴随矩阵，若$(1, 0, 1, 0)^{\mathrm{T}}$ 是方程组 $\boldsymbol{Ax}=\boldsymbol{0}$ 的一个基础解系，则 $\boldsymbol{A}^*\boldsymbol{x}=\boldsymbol{0}$ 基础解系可为(　　).

A. $\boldsymbol{\alpha}_1$，$\boldsymbol{\alpha}_3$　　B. $\boldsymbol{\alpha}_1$，$\boldsymbol{\alpha}_2$

C. $\boldsymbol{\alpha}_1$，$\boldsymbol{\alpha}_2$，$\boldsymbol{\alpha}_3$　　D. $\boldsymbol{\alpha}_2$，$\boldsymbol{\alpha}_3$，$\boldsymbol{\alpha}_4$

20. 已知 $\boldsymbol{\beta}_1$、$\boldsymbol{\beta}_2$ 是非齐次线性方程组 $\boldsymbol{Ax}=\boldsymbol{b}$ 的两个不同的解，$\boldsymbol{\alpha}_1$、$\boldsymbol{\alpha}_2$ 是其导出组 $\boldsymbol{Ax}=\boldsymbol{0}$ 的一个基础解系，C_1、C_2 为任意常数，则方程组 $\boldsymbol{Ax}=\boldsymbol{b}$ 的通解可以表为(　　).

A. $\dfrac{1}{2}(\boldsymbol{\beta}_1+\boldsymbol{\beta}_2)+C_1\boldsymbol{\alpha}_1+C_2(\boldsymbol{\alpha}_1+\boldsymbol{\alpha}_2)$

B. $\dfrac{1}{2}(\boldsymbol{\beta}_1-\boldsymbol{\beta}_2)+C_1\boldsymbol{\alpha}_1+C_2(\boldsymbol{\alpha}_1+\boldsymbol{\alpha}_2)$

C. $\dfrac{1}{2}(\boldsymbol{\beta}_1+\boldsymbol{\beta}_2)+C_1\boldsymbol{\alpha}_1+C_2(\boldsymbol{\beta}_1-\boldsymbol{\beta}_2)$

D. $\dfrac{1}{2}(\boldsymbol{\beta}_1-\boldsymbol{\beta}_2)+C_1\boldsymbol{\alpha}_1+C_2(\boldsymbol{\beta}_1+\boldsymbol{\beta}_2)$

二、填空题

1. 已知向量组 $\boldsymbol{\alpha}_1=(1, 1, 1, 0)$，$\boldsymbol{\alpha}_2=(0, k, 0, 1)$，$\boldsymbol{\alpha}_3=(2, 2, 0, 1)$，$\boldsymbol{\alpha}_4=(0, 0, 2, 1)$ 线性相关，则 $k=$________.

2. 设 $\boldsymbol{\alpha}=\begin{pmatrix}1\\2\\3\end{pmatrix}$，$\boldsymbol{\beta}=(1, 2, 3)$，$\boldsymbol{A}=\boldsymbol{\alpha\beta}$，则 $R(\boldsymbol{A})=$________.

3. 向量组 $\boldsymbol{\alpha}_1=(1, 2, 3, 4)$，$\boldsymbol{\alpha}_2=(2, 3, 4, 5)$，$\boldsymbol{\alpha}_3=(3, 4, 5, 6)$，$\boldsymbol{\alpha}_4=(4, 5, 6, 7)$的一个极大无关组是________.

4. 设 $\boldsymbol{\alpha}_1$，$\boldsymbol{\alpha}_2$，$\boldsymbol{\alpha}_3$ 是 3 维线性无关的向量组，$\boldsymbol{A}$ 为 3 阶方阵，且 $\boldsymbol{A\alpha}_1=\boldsymbol{\alpha}_1+\boldsymbol{\alpha}_2$，$\boldsymbol{A\alpha}_2=\boldsymbol{\alpha}_2+\boldsymbol{\alpha}_3$，$\boldsymbol{A\alpha}_3=\boldsymbol{\alpha}_1+\boldsymbol{\alpha}_3$，则 $|\boldsymbol{A}|=$________，$R(\boldsymbol{A})=$________.

5. 向量组 $\boldsymbol{\alpha}_1=(2, 3, -1, 5)$，$\boldsymbol{\alpha}_2=(6, 3, -1, 5)$，$\boldsymbol{\alpha}_3=(4, 1, -1, 7)$的秩=________，极大无关组为________.

6. 两个 n 维向量组 $\boldsymbol{A}$：$\boldsymbol{\alpha}_1$，$\boldsymbol{\alpha}_2$，…，$\boldsymbol{\alpha}_m$，$\boldsymbol{B}$：$\boldsymbol{\beta}_1$，$\boldsymbol{\beta}_2$，…，$\boldsymbol{\beta}_m$，$R(\boldsymbol{A})=r_1$，$R(\boldsymbol{B})=r_2$，$R(\boldsymbol{A}, \boldsymbol{B})=r_3$，则 $\max(r_1, r_2)$，r_1+r_2，r_3 的大小关系是 ________.

7. 设 3 元线性方程组 $\boldsymbol{Ax}=\boldsymbol{b}$，$R(\boldsymbol{A})=2$ 有 3 个特解 $\boldsymbol{\alpha}_1$，$\boldsymbol{\alpha}_2$，$\boldsymbol{\alpha}_3$，且 $\boldsymbol{\alpha}_1+\boldsymbol{\alpha}_2+\boldsymbol{\alpha}_3=(1, 1, 1)^{\mathrm{T}}$，$\boldsymbol{\alpha}_3-\boldsymbol{\alpha}_2=(1, 0, 0)^{\mathrm{T}}$，则 $\boldsymbol{Ax}=\boldsymbol{b}$ 的通解为________.

8. 已知向量组 $\boldsymbol{\alpha}_1=(1, 2, 1)$，$\boldsymbol{\alpha}_2=(1, 2, 0)$，$\boldsymbol{\alpha}_3=(3, 0, 0)$是 $\boldsymbol{R}^3$ 的一组基，则向量 $\boldsymbol{\beta}=(8, 7, 3)$在这组基下的坐标是________.

9. 设 $\boldsymbol{A}$ 为 5 阶方阵，且 $R(\boldsymbol{A})=3$，则线性空间 $\boldsymbol{W}=\{\boldsymbol{x} \mid \boldsymbol{Ax}=\boldsymbol{0}\}$的维数是________.

10. 线性方程组 $\begin{cases}x_1+2x_2-x_3=\lambda-1\\ 3x_2-x_3=\lambda-2\\ \lambda x_2-x_3=(\lambda-3)(\lambda-4)+(\lambda-2)\end{cases}$ 有无穷多解，则 $\lambda=$________.

11. 设线性方程组 $\begin{cases}x_1-2x_2+2x_3=0\\ 2x_1-x_2+\lambda x_3=0\\ x_1+2x_2-x_3=0\end{cases}$ 的系数矩阵为 $\boldsymbol{A}$，且存在 3 阶矩阵 $\boldsymbol{B}\neq\boldsymbol{O}$，使得 $\boldsymbol{AB}=\boldsymbol{O}$，则 $\lambda=$________.

12. 设 n 阶矩阵 $\boldsymbol{A}$ 的各行元素之和均为零，且 $\boldsymbol{A}$ 的秩为 $n-1$，则线性方程组 $\boldsymbol{Ax}=\boldsymbol{0}$ 的通解为________.

13. 已知某个 3 元非齐次线性方程组 $\boldsymbol{Ax}=\boldsymbol{b}$ 的增广矩阵 $\overline{\boldsymbol{A}}$ 经初等行变换化为：$\overline{\boldsymbol{A}}\rightarrow\begin{pmatrix}1 & -2 & 3 & -1\\ 0 & 2 & -1 & 2\\ 0 & 0 & a(a-1) & a-1\end{pmatrix}$，若方程组无解，则 a 的取值为________.

14. 写出一个基础解系是由 $\boldsymbol{\eta}_1=(-2, 1, 0)^{\mathrm{T}}$，$\boldsymbol{\eta}_2=(3, 0, 1)^{\mathrm{T}}$ 组成的齐次线性方程组________.

15. 设有一个 4 元非齐次线性方程组 $\boldsymbol{Ax}=\boldsymbol{b}$，$R(\boldsymbol{A})=3$，又 $\boldsymbol{\alpha}_1$，$\boldsymbol{\alpha}_2$，$\boldsymbol{\alpha}_3$ 是它的 3 个解向量，其中 $\boldsymbol{\alpha}_1+\boldsymbol{\alpha}_2=(1, 1, 0, 2)^{\mathrm{T}}$，$\boldsymbol{\alpha}_2+\boldsymbol{\alpha}_3=(1, 0, 1, 3)^{\mathrm{T}}$，则非齐次线性方程组的通解为________.

三、计算证明题

1. 举例说明下列各命题是否错误的：

(1) 若向量组 $\boldsymbol{a}_1$，$\boldsymbol{a}_2$，…，$\boldsymbol{a}_m$ 是线性相关的，则 $\boldsymbol{a}_1$ 可由 $\boldsymbol{a}_2$，…，$\boldsymbol{a}_m$ 线性表示.

(2) 若有不全为 0 的数 λ_1，λ_2，…，λ_m 使

$$\lambda_1 \boldsymbol{a}_1 + \cdots + \lambda_m \boldsymbol{a}_m + \lambda_1 \boldsymbol{b}_1 + \cdots + \lambda_m \boldsymbol{b}_m = \boldsymbol{0}$$

成立，则 $\boldsymbol{a}_1$，$\boldsymbol{a}_2$，…，$\boldsymbol{a}_m$ 线性相关，$\boldsymbol{b}_1$，$\boldsymbol{b}_2$，…，$\boldsymbol{b}_m$ 亦线性相关.

(3) 若只有当 λ_1，λ_2，…，λ_m 全为0时，等式

$$\lambda_1 \boldsymbol{a}_1 + \cdots + \lambda_m \boldsymbol{a}_m + \lambda_1 \boldsymbol{b}_1 + \cdots + \lambda_m \boldsymbol{b}_m = \boldsymbol{0}$$

才能成立，则 $\boldsymbol{a}_1$，$\boldsymbol{a}_2$，…，$\boldsymbol{a}_m$ 线性无关，$\boldsymbol{b}_1$，$\boldsymbol{b}_2$，…，$\boldsymbol{b}_m$ 亦线性无关.

(4) 若 $\boldsymbol{a}_1$，$\boldsymbol{a}_2$，…，$\boldsymbol{a}_m$ 线性相关，$\boldsymbol{b}_1$，$\boldsymbol{b}_2$，…，$\boldsymbol{b}_m$ 亦线性相关，则有不全为0的数 λ_1，λ_2，…，λ_m 使 $\lambda_1 \boldsymbol{a}_1 + \cdots + \lambda_m \boldsymbol{a}_m = \boldsymbol{0}$，$\lambda_1 \boldsymbol{b}_1 + \cdots + \lambda_m \boldsymbol{b}_m = \boldsymbol{0}$ 同时成立.

2. 设有向量组 $\boldsymbol{\alpha}_1 = (1, 0, 0)$，$\boldsymbol{\alpha}_2 = (0, 1, 0)$，$\boldsymbol{\alpha}_3 = (0, 4, 0)$，因为 $\boldsymbol{\alpha}_1$ 不能由 $\boldsymbol{\alpha}_2$、$\boldsymbol{\alpha}_3$ 线性表示，因此 $\boldsymbol{\alpha}_1$，$\boldsymbol{\alpha}_2$，$\boldsymbol{\alpha}_3$ 线性无关，试分析这一判断是否正确.

3. 已知向量$\boldsymbol{\alpha}=(1, 0, 1)^{\mathrm{T}}$，$\boldsymbol{\beta}=(3, -5, 7)^{\mathrm{T}}$，若$4(\boldsymbol{\alpha}-\boldsymbol{\gamma})-6(\boldsymbol{\beta}+\boldsymbol{\gamma})=5\boldsymbol{\gamma}$，求$\boldsymbol{\gamma}$.

4. 设$\boldsymbol{\alpha}_1$，$\boldsymbol{\alpha}_2$，$\boldsymbol{\alpha}_3$为3维列向量，且$|\boldsymbol{\alpha}_1, \boldsymbol{\alpha}_2, \boldsymbol{\alpha}_3|=5$，求$|\boldsymbol{\alpha}_1-\boldsymbol{\alpha}_2-\boldsymbol{\alpha}_3, \boldsymbol{\alpha}_2-\boldsymbol{\alpha}_3-\boldsymbol{\alpha}_1, \boldsymbol{\alpha}_3-\boldsymbol{\alpha}_1-\boldsymbol{\alpha}_2|$.

5. 设 $\boldsymbol{a}_1$、$\boldsymbol{a}_2$ 线性无关，$\boldsymbol{a}_1+\boldsymbol{b}$、$\boldsymbol{a}_2+\boldsymbol{b}$ 线性相关，求向量 $\boldsymbol{b}$ 用 $\boldsymbol{a}_1$、$\boldsymbol{a}_2$ 线性表示的表示式.

6. 研究向量组 $\boldsymbol{\alpha}_1=(1, -2, 3)^T$，$\boldsymbol{\alpha}_2=(0, 2, -5)^T$，$\boldsymbol{\alpha}_3=(-1, 0, 2)^T$ 的线性相关性.

7. 设 n 维向量组 $\boldsymbol{\alpha}_1$，$\boldsymbol{\alpha}_2$，…，$\boldsymbol{\alpha}_n$ 线性无关，若 $\boldsymbol{\alpha}_{n+1}=\lambda_1\boldsymbol{\alpha}_1+\lambda_2\boldsymbol{\alpha}_2+\cdots+\lambda_n\boldsymbol{\alpha}_n$ 且 $\lambda_i\neq 0$ $(i=1, 2, \cdots, n)$，证明 $\boldsymbol{\alpha}_1$，$\boldsymbol{\alpha}_2$，…，$\boldsymbol{\alpha}_n$，$\boldsymbol{\alpha}_{n+1}$ 中任意 n 个向量都线性无关.

8. 设 $\boldsymbol{A}$ 是 n 阶矩阵，$\boldsymbol{\alpha}_1$，$\boldsymbol{\alpha}_2$，…，$\boldsymbol{\alpha}_s$ 是 n 维向量组，满足 $\boldsymbol{\alpha}_1\neq\boldsymbol{0}$，$\boldsymbol{A}\boldsymbol{\alpha}_1=\boldsymbol{\alpha}_1$，$\boldsymbol{A}\boldsymbol{\alpha}_i=\boldsymbol{\alpha}_i+\boldsymbol{\alpha}_{i-1}$ $(i=2, \cdots, s)$，证明 $\boldsymbol{\alpha}_1$，$\boldsymbol{\alpha}_2$，…，$\boldsymbol{\alpha}_s$ 线性无关.

9. 设 $\boldsymbol{\alpha}$、$\boldsymbol{\beta}$ 为 3 维列向量，矩阵 $\boldsymbol{A}=\boldsymbol{\alpha}\boldsymbol{\alpha}^{\mathrm{T}}+\boldsymbol{\beta}\boldsymbol{\beta}^{\mathrm{T}}$，其中 $\boldsymbol{\alpha}^{\mathrm{T}}$、$\boldsymbol{\beta}^{\mathrm{T}}$ 分别是 $\boldsymbol{\alpha}$、$\boldsymbol{\beta}$ 的转置. 证明：

(1) 秩 $R(\boldsymbol{A})\leqslant 2$；

(2) 若 $\boldsymbol{\alpha}$、$\boldsymbol{\beta}$ 线性相关，则秩 $R(\boldsymbol{A})<2$.

10. 求向量组 $\boldsymbol{\alpha}_1$，$\boldsymbol{\alpha}_2$，$\boldsymbol{\alpha}_3$，$\boldsymbol{\alpha}_4$ 的一个最大无关组，指出该向量组的秩，并将其余向量表示成最大无关组的线性组合，其中

$$\boldsymbol{\alpha}_1=\begin{pmatrix}1\\-2\\3\\-1\\2\end{pmatrix};\ \boldsymbol{\alpha}_2=\begin{pmatrix}2\\1\\2\\-2\\-3\end{pmatrix};\ \boldsymbol{\alpha}_3=\begin{pmatrix}5\\0\\7\\-5\\-4\end{pmatrix};\ \boldsymbol{\alpha}_4=\begin{pmatrix}3\\-1\\5\\-3\\-1\end{pmatrix}$$

11. 设向量组 $\boldsymbol{\alpha}_1=\begin{pmatrix}a\\3\\1\end{pmatrix}$，$\boldsymbol{\alpha}_2=\begin{pmatrix}2\\b\\3\end{pmatrix}$，$\boldsymbol{\alpha}_3=\begin{pmatrix}1\\2\\1\end{pmatrix}$，$\boldsymbol{\alpha}_4=\begin{pmatrix}2\\3\\1\end{pmatrix}$的秩为 2，求 a、b.

12. 已知向量组 $\boldsymbol{\alpha}_1=(1+a, 1, 1, 1)^{\mathrm{T}}$，$\boldsymbol{\alpha}_2=(2, 2+a, 2, 2)^{\mathrm{T}}$，$\boldsymbol{\alpha}_3=(3, 3, 3+a, 3)^{\mathrm{T}}$，$\boldsymbol{\alpha}_4=(4, 4, 4, 4+a)^{\mathrm{T}}$，$a$ 为何值时，$\boldsymbol{\alpha}_1$，$\boldsymbol{\alpha}_2$，$\boldsymbol{\alpha}_3$，$\boldsymbol{\alpha}_4$ 线性相关？当 $\boldsymbol{\alpha}_1$，$\boldsymbol{\alpha}_2$，$\boldsymbol{\alpha}_3$，$\boldsymbol{\alpha}_4$ 线性相关时，求其一个最大无关组，并将其余向量用该最大无关组线性表出.

13. 设$\begin{cases}\boldsymbol{\beta}_1= \quad\ \boldsymbol{\alpha}_2+\boldsymbol{\alpha}_3+\cdots+\boldsymbol{\alpha}_n\\ \boldsymbol{\beta}_2=\boldsymbol{\alpha}_1+\quad\ \boldsymbol{\alpha}_3+\cdots+\boldsymbol{\alpha}_n\\ \quad\vdots\\ \boldsymbol{\beta}_n=\boldsymbol{\alpha}_1+\boldsymbol{\alpha}_2+\boldsymbol{\alpha}_3+\cdots+\boldsymbol{\alpha}_{n-1}\end{cases}$，证明向量组 $\boldsymbol{\alpha}_1$，$\boldsymbol{\alpha}_2$，…，$\boldsymbol{\alpha}_n$ 与向量组 $\boldsymbol{\beta}_1$，$\boldsymbol{\beta}_2$，…，$\boldsymbol{\beta}_n$ 等价.

14. 已知 3 阶矩阵 $\boldsymbol{A}$ 与 3 维列向量 $\boldsymbol{x}$ 满足 $\boldsymbol{A}^3\boldsymbol{x}=3\boldsymbol{A}\boldsymbol{x}-\boldsymbol{A}^2\boldsymbol{x}$，且向量组 $\boldsymbol{x}$，$\boldsymbol{A}\boldsymbol{x}$，$\boldsymbol{A}^2\boldsymbol{x}$ 线性无关.

（1）记 $\boldsymbol{y}=\boldsymbol{A}\boldsymbol{x}$，$\boldsymbol{z}=\boldsymbol{A}\boldsymbol{y}$，$\boldsymbol{P}=(\boldsymbol{x}, \boldsymbol{y}, \boldsymbol{z})$，求 3 阶矩阵 $\boldsymbol{B}$，使 $\boldsymbol{AP}=\boldsymbol{PB}$；

（2）求 $|\boldsymbol{A}|$.

15. 求一个齐次线性方程组，使它的基础解系为 $\boldsymbol{\xi}_1=(0, 1, 2, 3)^T$, $\boldsymbol{\xi}_2=(3, 2, 1, 0)^T$.

16. 设 $\boldsymbol{A}=\begin{pmatrix} 1 & -1 & -1 \\ -1 & 1 & 1 \\ 0 & -4 & -2 \end{pmatrix}$, $\zeta_1=\begin{pmatrix} -1 \\ 1 \\ -2 \end{pmatrix}$.

(1) 求满足 $\boldsymbol{A}\boldsymbol{\zeta}_2=\boldsymbol{\zeta}_1$、$\boldsymbol{A}^2\boldsymbol{\zeta}_3=\boldsymbol{\zeta}_1$ 的所有向量 $\boldsymbol{\zeta}_2$、$\boldsymbol{\zeta}_3$；

(2) 对(1)中的任两个向量 $\boldsymbol{\zeta}_2$、$\boldsymbol{\zeta}_3$，证明：$\boldsymbol{\zeta}_1$，$\boldsymbol{\zeta}_2$，$\boldsymbol{\zeta}_3$ 线性无关.

17. 证明：设 $\boldsymbol{\eta}_1$，$\boldsymbol{\eta}_2$，…，$\boldsymbol{\eta}_t$ 是某一非齐次线性方程组的解，则 $c_1\boldsymbol{\eta}_1+c_2\boldsymbol{\eta}_3+\cdots+c_t\boldsymbol{\eta}_t$ 也是它的一个解，其中 $c_1+c_2+\cdots+c_t=1$.

18. 已知线性方程组 $\begin{cases} x_1+x_2+x_3+x_4=-1 \\ 4x_1+3x_2+5x_3-x_4=-1 \\ ax_1+x_2+3x_3+bx_4=1 \end{cases}$ 有 3 个线性无关的解.

(1) 证明方程组系数矩阵 $\boldsymbol{A}$ 的秩 $R(\boldsymbol{A})=2$.

(2) 求 a、b 的值及方程组的通解.

19. 设任一向量 $\boldsymbol{\alpha}\in\mathbf{R}^n$ 在基 $\boldsymbol{\alpha}_1$，$\boldsymbol{\alpha}_2$，$\boldsymbol{\alpha}_3$，$\boldsymbol{\alpha}_4$ 和 $\boldsymbol{\beta}_1$，$\boldsymbol{\beta}_2$，$\boldsymbol{\beta}_3$，$\boldsymbol{\beta}_4$ 下的坐标分别为 (x_1, x_2, x_3, x_4)和(y_1, y_2, y_3, y_4)，且满足关系 $y_1=x_1$，$y_2=x_2-x_1$，$y_3=x_3-x_2$，$y_4=x_4-x_3$，求由 $\boldsymbol{\alpha}_1$，$\boldsymbol{\alpha}_2$，$\boldsymbol{\alpha}_3$，$\boldsymbol{\alpha}_4$ 到 $\boldsymbol{\beta}_1$，$\boldsymbol{\beta}_2$，$\boldsymbol{\beta}_3$，$\boldsymbol{\beta}_4$ 的基变换公式.

20. 由 $\boldsymbol{a}_1=(1, 1, 0, 0)^{\mathrm{T}}$，$\boldsymbol{a}_2=(1, 0, 1, 1)^{\mathrm{T}}$ 所生成的向量空间记作 L_1，由 $\boldsymbol{b}_1=(2, -1, 3, 3)^{\mathrm{T}}$，$\boldsymbol{b}_1=(0, 1, -1, -1)^{\mathrm{T}}$ 所生成的向量空间记作 L_2，证明 $L_1=L_2$.

21. 验证 $\boldsymbol{a}_1=(1, -1, 0)^{\mathrm{T}}$，$\boldsymbol{a}_2=(2, 1, 3)^{\mathrm{T}}$，$\boldsymbol{a}_3=(3, 1, 2)^{\mathrm{T}}$ 为 $\mathbf{R}^3$ 的一个基，并把 $\boldsymbol{v}_1=(5, 0, 7)^{\mathrm{T}}$，$\boldsymbol{v}_2=(-9, -8, -13)^{\mathrm{T}}$ 用这个基线性表示.

22. 在 n 维向量空间 $\mathbf{R}$ 中，设向量组 $\boldsymbol{S}$：$\boldsymbol{\alpha}_1$，$\boldsymbol{\alpha}_2$，…，$\boldsymbol{\alpha}_{n-1}$ 线性无关，且与向量 $\boldsymbol{\beta}_1$、$\boldsymbol{\beta}_2$ 都正交，证明：向量 $\boldsymbol{\beta}_1$、$\boldsymbol{\beta}_2$ 线性相关.

23．设 $\boldsymbol{A}$ 为 n 阶正交矩阵($\boldsymbol{A}\boldsymbol{A}^{\mathrm{T}}=\boldsymbol{E}$)．且 $|\boldsymbol{A}|=-1$，证明 $\boldsymbol{A}+\boldsymbol{E}$ 不可逆．

24．在 2×2 矩阵集合 $\boldsymbol{M}_{2\times 2}$(是一个向量空间)中，证明 $\boldsymbol{G}_{11}=\begin{pmatrix}1 & 0\\0 & 0\end{pmatrix}$，$\boldsymbol{G}_{12}=\begin{pmatrix}1 & 1\\0 & 0\end{pmatrix}$，$\boldsymbol{G}_{21}=\begin{pmatrix}1 & 1\\1 & 0\end{pmatrix}$，$\boldsymbol{G}_{22}=\begin{pmatrix}1 & 1\\1 & 1\end{pmatrix}$是一个基，并求 $\boldsymbol{A}=\begin{pmatrix}1 & 2\\3 & 4\end{pmatrix}$在此基下的坐标．

第6章 二 次 型

一、选择题

思维导图

1. 二次型$-2x_1^2+3x_3^2+4x_1x_2-4x_2x_3$的矩阵是(　　).

A. $\begin{pmatrix}-2&2&0\\2&0&-2\\0&-2&3\end{pmatrix}$　　B. $\begin{pmatrix}-2&2&0\\2&0&2\\0&2&3\end{pmatrix}$

C. $\begin{pmatrix}-2&2&0\\2&1&-2\\0&-2&3\end{pmatrix}$　　D. $\begin{pmatrix}-2&4&0\\4&0&-4\\0&-4&3\end{pmatrix}$

2. 设$\boldsymbol{A}$与$\boldsymbol{B}$都是n阶实矩阵，$\boldsymbol{x}$为n维列向量，且$\boldsymbol{x}^{\mathrm{T}}\boldsymbol{A}\boldsymbol{x}=\boldsymbol{x}^{\mathrm{T}}\boldsymbol{B}\boldsymbol{x}$，则当(　　)时$\boldsymbol{A}=\boldsymbol{B}$.

A. $\boldsymbol{A}$与$\boldsymbol{B}$的秩相同　　B. $\boldsymbol{A}$为对称阵

C. $\boldsymbol{B}$为对称阵　　D. $\boldsymbol{A}$与$\boldsymbol{B}$均为对称阵

3. 若实二次型$x_1^2+tx_2^2+3x_3^2+2x_1x_2$的秩为2，则$t$的取值是(　　).

A. 0　　B. 1　　C. 2　　D. 3

4. 设二次型$f(x_1, x_2, x_3)=a(x_1^2+x_2^2+x_3^2)+2x_1x_2+2x_1x_3+2x_2x_3$的正、负惯性指数分别是1、2，则参数$a$的取值为(　　).

A. $a>1$　　B. $a<-2$

C. $-2<a<1$　　D. $-2<a<1$或$a=-2$

5. 二次型$2x_1^2+x_2^2-4x_3^2-4x_1x_2-2x_2x_3$的规范形是(　　).

A. $y_1^2-y_2^2-y_3^2$　　B. y_1^2

C. $y_1^2+y_2^2-y_3^2$　　D. $y_1^2-y_2^2$

6. 设二次型$f(x_1, x_2, x_3)$在正交变换$\boldsymbol{X}=\boldsymbol{P}\boldsymbol{Y}$下的标准形为$2y_1^2+y_2^2-y_3^2$，其中$\boldsymbol{P}=(\boldsymbol{\eta}_1, \boldsymbol{\eta}_2, \boldsymbol{\eta}_3)$. 如果$\boldsymbol{Q}=(\boldsymbol{\eta}_1, -\boldsymbol{\eta}_3, \boldsymbol{\eta}_2)$，则$f(x_1, x_2, x_3)$在正交变换$\boldsymbol{X}=\boldsymbol{Q}\boldsymbol{Y}$下的标准形为(　　).

A. $2y_1^2-y_2^2+y_3^2$　　B. $2y_1^2+y_2^2-y_3^2$

C. $2y_1^2-y_2^2-y_3^2$　　D. $2y_1^2+y_2^2+y_3^2$

7. 设$\boldsymbol{A}$为n阶实对称矩阵，则$\boldsymbol{A}$正定的充要条件是(　　).

A. $r(\boldsymbol{A})=n$

B. $\boldsymbol{A}$的所有特征值非负

C. $\boldsymbol{A}^{-1}$ 正定

D. $\boldsymbol{A}$ 的主对角线元素都大于零

8. 实二次型 $f(\boldsymbol{x})=\boldsymbol{x}^{\mathrm{T}}\boldsymbol{A}\boldsymbol{x}$ 正定的充要条件是(　　).

A. 存在非零向量 $\boldsymbol{x}$ 使 $\boldsymbol{x}^{\mathrm{T}}\boldsymbol{A}\boldsymbol{x}>0$

B. $|\boldsymbol{A}|>0$

C. $f(x)$的正惯性指数为 n

D. $f(x)$的负惯性指数为零

9. 若实二次型 $ax_1^2+bx_2^2+ax_3^2+2cx_1x_3$ 是正定的，则 a，b，c 满足(　　).

A. $a>0$，$b+c>0$　　B. $a>0$，$b>0$

C. $a>|c|$，$b>0$　　D. $|a|>c$，$b>0$

10. 设 $\boldsymbol{A}$ 是 n 阶正定实矩阵，如果 $\boldsymbol{B}$ 与 $\boldsymbol{A}$ 相似，则 $\boldsymbol{B}$ 必为(　　).

A. 实对称矩阵　　B. 正定矩阵

C. 可逆矩阵　　D. 正交矩阵

二、填空题

1. 已知二次型 $x_1^2+x_2^2+x_3^2-2x_2x_3$，则它所对应的矩阵为________，规范形为________，正惯性指数为________，负惯性指数为________，符号差为________.

2. 设二次型 $f=5x_1^2+4x_2^2+6x_3^2+2ax_1x_2-4x_2x_3$ 正定，则 a 应满足的条件是________.

3. 若实对称矩阵 $\boldsymbol{A}=\begin{pmatrix}-1 & 0 & 0\\ 0 & a & 1\\ 0 & 1 & -a^2\end{pmatrix}$是负定矩阵，则 a 的取值范围为________.

4. 设二次型 $x_1^2+x_2^2+x_3^2+2ax_1x_2+2bx_2x_3+2x_1x_3$ 经正交变换 $\boldsymbol{X}=\boldsymbol{P}\boldsymbol{Y}$ 化成标准形 $y_2^2+2y_3^2$，则 $a=$________，$b=$________.

5. 设 $\boldsymbol{A}$ 是 n 阶正交且正定的矩阵，则 $\boldsymbol{A}$ 为________.

6. 设二次型 $f(x_1, x_2, \cdots, x_n)=x_1^2+x_2^2+\cdots+x_r^2$ 正定，则 $r=$________.

7. 二次型 $f(x_1, x_2, x_3)=x_1x_2+x_2x_3+x_1x_3$ 的秩是________.

8. 设 $\boldsymbol{A}$ 是实对称矩阵，$|\boldsymbol{A}|>0$，将二次型 $f(\boldsymbol{x})=\boldsymbol{x}^{\mathrm{T}}\boldsymbol{A}\boldsymbol{x}$ 化为 $f(\boldsymbol{x})=\boldsymbol{y}^{\mathrm{T}}\boldsymbol{A}^{*}\boldsymbol{y}$ 的线性变换为________.

9. 设 $\boldsymbol{A}$ 是 3 阶实对称矩阵，满足 $\boldsymbol{A}^2-3\boldsymbol{A}+2\boldsymbol{E}=\boldsymbol{O}$，又 $|\boldsymbol{A}|=-2$，则二次型 $f(\boldsymbol{x})=\boldsymbol{x}^{\mathrm{T}}\boldsymbol{A}\boldsymbol{x}$ 的标准形为________.

10. 设 $\boldsymbol{A}$ 是 $m\times n$ 实矩阵，$\boldsymbol{E}$ 为 n 阶单位阵，$\boldsymbol{B}=\boldsymbol{A}^{\mathrm{T}}\boldsymbol{A}-a\boldsymbol{E}$ 为正定矩阵，则 a 应满足的条件是________.

三、计算题

1. 求下列二次型的矩阵和秩.

(1) $f(x_1, x_2, x_3)=3x_1^2+2x_2^2+x_3^2+x_2x_3$；

(2) $f(x_1, x_2, x_3, x_4)=x_1^2+2x_2^2+4x_1x_3+6x_2x_3+2x_2x_4+4x_3x_4$；

(3) $f(x_1, \cdots, x_n)=x_1x_2+x_2x_3+\cdots+x_{n-1}x_n$.

2. 用正交变换化下列二次型为标准形，并求所用的正交变换.

(1) $f(x_1, x_2, x_3)=2x_1^2+3x_2^2+3x_3^2+4x_2x_3$；

(2) $f(x_1, x_2, x_3)=2x_1x_2-2x_1x_3+2x_2x_3$；

(3) $f(x_1, x_2, x_3, x_4)=x_1^2+x_2^2+x_3^2+x_4^2+2x_1x_2-2x_1x_4-2x_2x_3-2x_3x_4$.

3. 用配方法化下列二次型为标准形，并求所用的可逆线性变换.

(1) $f(x_1, x_2, x_3)=x_1^2+x_2^2+x_3^2-2x_1x_3$；

(2) $f(x_1, x_2, x_3)=x_1^2+4x_1x_2-3x_2x_3$；

(3) $f(x_1, x_2, x_3)=x_1x_2+x_1x_3-3x_2x_3$.

4. 用初等变换法化下列二次型为标准形，并求所用的可逆线性变换.

(1) $f(x_1, x_2, x_3)=x_1x_2+x_2x_3+x_3x_1$；

(2) $f(x_1, x_2, x_3)=2x_1x_2-6x_2x_3+2x_1x_3$；

(3) $f(x_1, x_2, x_3)=x_1^2-2x_2^2+x_3^2+2x_1x_2+4x_1x_3+2x_2x_3$.

5. 已知 $\boldsymbol{A}=\begin{pmatrix}1 & 0 & 1\\ 0 & 1 & 1\\ -1 & 0 & a\\ 0 & a & -1\end{pmatrix}$，二次型 $f(x_1, x_2, x_3)=\boldsymbol{x}^{\mathrm{T}}\boldsymbol{A}^{\mathrm{T}}\boldsymbol{A}\boldsymbol{x}$ 的秩为 2，通过正交变换化二次型为标准形，求参数 a 及所用正交变换的矩阵.

6. 设 $f(\boldsymbol{x})=\boldsymbol{x}^{\mathrm{T}}\boldsymbol{A}\boldsymbol{x}=ax_1^2+2x_2^2-2x_3^2+2bx_1x_3(b>0)$，其中 $\boldsymbol{A}$ 的特征值之和为 1，特征值之积为 -12，试求参数 a、b 及所用正交变换的矩阵 $\boldsymbol{Q}$.

7. 已知二次曲面 $x^2+ay^2+z^2+2bxy+2xz+2yz=4$ 可以经由正交变换 $\begin{pmatrix}x\\y\\z\end{pmatrix}=\boldsymbol{P}\begin{pmatrix}\xi\\\eta\\\zeta\end{pmatrix}$ 化成椭圆柱面方程 $\eta^2+4\zeta^2=4$，试求参数 a、b 及所用正交变换的矩阵 $\boldsymbol{P}$.

8. 设 3 元二次型 $f(x_1, x_2, x_3)=\boldsymbol{x}^{\mathrm{T}}\boldsymbol{A}\boldsymbol{x}$ 的矩阵 $\boldsymbol{A}$ 满足 $\boldsymbol{A}^2-2\boldsymbol{A}=\boldsymbol{O}$，且 $\boldsymbol{\alpha}_1=(0, 1, 1)^{\mathrm{T}}$ 为齐次线性方程组 $\boldsymbol{A}\boldsymbol{x}=\boldsymbol{0}$ 的基础解系，试求 $f(x_1, x_2, x_3)$ 的表达式.

9. 判断下列二次型的正定性.

(1) $f(x_1, x_2, x_3)=3x_1^2+4x_2^2+5x_3^2+4x_1x_2-4x_2x_3$;

(2) $f(x_1, x_2, x_3)=-5x_1^2-6x_2^2-4x_3^2+4x_1x_2+4x_2x_3$;

(3) $f(x_1, x_2, x_3)=2x_1x_2+2x_1x_3-6x_2x_3$.

10. 参数 t 为何值时，下列二次型是正定的?

(1) $f=2x_1^2+x_2^2+x_3^2+2x_1x_2+tx_2x_3$;

(2) $f=x_1^2+4x_2^2+x_3^2+2tx_1x_2+10x_1x_3+6x_2x_3$.

四、证明题

1. 设 $\boldsymbol{A}$ 为 n 阶正定矩阵，证明：$\boldsymbol{A}^{-1}$，$\boldsymbol{A}^{*}$，$\boldsymbol{A}^{m}$（m 为整数）均为正定矩阵.

2. 如果二次型 $f(\boldsymbol{x})=\boldsymbol{x}^{\mathrm{T}}\boldsymbol{A}\boldsymbol{x}$，对于任意 n 维列向量 $\boldsymbol{x}_0$，都有 $\boldsymbol{x}_0^{\mathrm{T}}\boldsymbol{A}\boldsymbol{x}_0=\boldsymbol{0}$，证明 $\boldsymbol{A}=\boldsymbol{0}$.

3. 如果 $\boldsymbol{A}$、$\boldsymbol{B}$ 是 n 阶正定矩阵，$k>0$，$l>0$. 证明 $k\boldsymbol{A}+l\boldsymbol{B}$ 为正定矩阵.

4. 设 $\boldsymbol{A}$ 是实对称矩阵，证明当实数 t 充分大之后，$t\boldsymbol{E}+\boldsymbol{A}$ 是正定矩阵.

5. 设 $\boldsymbol{A}$、$\boldsymbol{B}$ 为实对称矩阵，$\boldsymbol{A}$ 的特征值小于 a，$\boldsymbol{B}$ 的特征值小于 b，证明 $\boldsymbol{A}+\boldsymbol{B}$ 特征值小于 $a+b$.

6. 设 $f(\boldsymbol{x})=\boldsymbol{x}^{\mathrm{T}}\boldsymbol{A}\boldsymbol{x}$ 是 n 元实二次型，若存在实 n 维列向量 $\boldsymbol{\alpha}$ 和 $\boldsymbol{\beta}$，使得 $\boldsymbol{\alpha}^{\mathrm{T}}\boldsymbol{A}\boldsymbol{\alpha}<0$，$\boldsymbol{\beta}^{\mathrm{T}}\boldsymbol{A}\boldsymbol{\beta}>0$，证明存在 n 维列向量 $\boldsymbol{\gamma}\neq\boldsymbol{0}$，使得 $\boldsymbol{\gamma}^{\mathrm{T}}\boldsymbol{A}\boldsymbol{\gamma}=0$.

7. 设 $\boldsymbol{A}$ 为 n 阶正定矩阵，证明 $|\boldsymbol{A}+\boldsymbol{E}|>1$.

8. 设 $\boldsymbol{A}$ 为 n 阶正定矩阵，$\boldsymbol{x}=(x_1, x_2, \cdots, x_n)^{\mathrm{T}}$，证明：$f(\boldsymbol{x})=\begin{vmatrix} \boldsymbol{A} & \boldsymbol{x} \\ \boldsymbol{x}^{\mathrm{T}} & \boldsymbol{O} \end{vmatrix}$ 是负定二次型.

9. 证明：二次型 $f(\boldsymbol{x})=\boldsymbol{x}^{\mathrm{T}}\boldsymbol{A}\boldsymbol{x}$ 在 $\|\boldsymbol{x}\|=1$ 时的最大值为矩阵 $\boldsymbol{A}$ 的最大特征值.

10. 设 $\boldsymbol{A}$ 为 m 阶正定矩阵，$\boldsymbol{B}$ 为 $m\times n$ 实矩阵，则 $\boldsymbol{B}^{\mathrm{T}}\boldsymbol{A}\boldsymbol{B}$ 为正定矩阵的充要条件是 $R(\boldsymbol{B})=n$.

习 题 详 解

第2章　行　列　式

一、选择题

1～5　DCDAC；　6～10　CCCDD；　11～15　CBCCB.

二、填空题

1. $\frac{n(n+1)}{2}$；　2. $a_{14}a_{22}a_{31}a_{43}$；　3. 0；　4. 1；

5. $-3M$；　6. 4；　7. $\begin{pmatrix} 0 & -8 \\ 0 & 0 \end{pmatrix}$；　8. 16；

9. $(-1)^{mn}|\boldsymbol{A}_1||\boldsymbol{A}_2|$；　10. -1080；　11. -2；　12. 0；

13. 12，-9；　14. x^4；　15. $(\lambda+n)\lambda^{n-1}$；　16. 81；

17. $-\frac{512}{81}$；　18. 7.

三、计算证明题

1. **解**　D_n 中不为零的项用一般形式表示为 $a_{1,n-1}a_{2,n-2}\cdots a_{n-1,1}a_{nn}=n!$，故 $D_n=(-1)^{\frac{(n-1)(n-2)}{2}}n!$.

2. **解**

$$D=abcdef\begin{vmatrix} 1 & -1 & -1 \\ -1 & 1 & -1 \\ -1 & -1 & -1 \end{vmatrix}=-4abcdef$$

3. **解**

$$D\xlongequal[i=1,2,\cdots,n-1]{r_{i+1}+r_i}\begin{vmatrix} -a_1 & 0 & \cdots & 0 \\ 0 & -a_2 & \cdots & 0 \\ \vdots & \vdots & & \vdots \\ 1 & 2 & \cdots & n+1 \end{vmatrix}=(-1)^n(n+1)\prod_{i=1}^{n}a_i$$

4. **解**　把第 2，3，…，n 列都加到第 1 列上，行列式不变，得

$$D=\begin{vmatrix} a+(n-1)b & b & b & \cdots & b \\ a+(n-1)b & a & b & \cdots & b \\ a+(n-1)b & b & a & \cdots & b \\ \vdots & \vdots & \vdots & & \vdots \\ a+(n-1)b & b & b & \cdots & a \end{vmatrix}=[a+(n-1)b]\begin{vmatrix} 1 & b & b & \cdots & b \\ 1 & a & b & \cdots & b \\ 1 & b & a & \cdots & b \\ \vdots & \vdots & \vdots & & \vdots \\ 1 & b & b & \cdots & a \end{vmatrix}$$

$$=[a+(n-1)b]\begin{vmatrix} 1 & b & b & \cdots & b \\ 0 & a-b & 0 & \cdots & 0 \\ 0 & 0 & a-b & \cdots & 0 \\ \vdots & \vdots & \vdots & & \vdots \\ 0 & 0 & 0 & \cdots & a-b \end{vmatrix}=[a+(n-1)b](a-b)^{n-1}$$

5. **证明** 行列式 D_n 可表示为

$$D_n=\begin{vmatrix} 0 & a_{12} & a_{13} & \cdots & a_{1n} \\ -a_{12} & 0 & a_{23} & \cdots & a_{2n} \\ -a_{13} & -a_{23} & 0 & \cdots & a_{3n} \\ \vdots & \vdots & \vdots & & \vdots \\ -a_{1n} & -a_{2n} & -a_{3n} & \cdots & 0 \end{vmatrix}$$

于是

$$D_n=\begin{vmatrix} 0 & -a_{12} & -a_{13} & \cdots & -a_{1n} \\ a_{12} & 0 & -a_{23} & \cdots & -a_{2n} \\ a_{13} & a_{23} & 0 & \cdots & -a_{3n} \\ \vdots & \vdots & \vdots & & \vdots \\ a_{1n} & a_{2n} & a_{3n} & \cdots & 0 \end{vmatrix}=(-1)^n\begin{vmatrix} 0 & a_{12} & a_{13} & \cdots & a_{1n} \\ -a_{12} & 0 & a_{23} & \cdots & a_{2n} \\ -a_{13} & -a_{23} & 0 & \cdots & a_{3n} \\ \vdots & \vdots & \vdots & & \vdots \\ -a_{1n} & -a_{2n} & -a_{3n} & \cdots & 0 \end{vmatrix}$$

$$=(-1)^nD_n$$

当 n 为奇数时，得 $D_n=-D_n$，因而得 $D_n=0$.

6. **证明** 把第 $i(i=2, 3, \cdots, n+1)$ 行的 $-\dfrac{1}{a_{i-1}}$ 倍加到第 1 行，得

$$\text{左式}=\begin{vmatrix} a_0-\sum\limits_{i=1}^{n}\dfrac{1}{a_i} & 0 & 0 & 0 \\ 1 & a_1 & 0 & 0 \\ 1 & 0 & a_2 & 0 \\ \vdots & \vdots & \vdots & \vdots \\ 1 & 0 & 0 & a_n \end{vmatrix}=a_1a_2\cdots a_n\left(a_0-\sum_{i=1}^{n}\frac{1}{a_i}\right)=\text{右边}(a_1a_2\cdots a_n\neq 0)$$

7. **证明** $f(x)$是关于 x 的多项式，在$[0, 1]$上连续，在$(0, 1)$内可导，且 $f(0)=f(1)=0$，由罗尔定理，存在 $\zeta\in(0, 1)$，使 $f'(\zeta)=0$，即证.

8. **解** (1) $D\xlongequal[c_4+c_3]{c_1+(-2)c_3}\begin{vmatrix} 3 & 1 & -1 & 1 \\ -11 & 1 & 3 & 2 \\ 0 & 0 & 1 & 0 \\ -5 & -5 & 3 & 0 \end{vmatrix}=(-1)^{3+3}\begin{vmatrix} 3 & 1 & 1 \\ -11 & 1 & 2 \\ -5 & -5 & 0 \end{vmatrix}$

$$\xlongequal{c_2+(-1)c_1}\begin{vmatrix} 3 & -2 & 1 \\ -11 & 12 & 2 \\ -5 & 0 & 0 \end{vmatrix}=(-5)\times(-1)^{3+1}\begin{vmatrix} -1 & 1 \\ 12 & 2 \end{vmatrix}=80$$

(2) $D=\begin{vmatrix} a & b & c & d \\ b & a & d & c \\ c & d & a & b \\ d & c & b & a \end{vmatrix} \xlongequal{r_1+r_2+r_3+r_4} (a+b+c+d)\begin{vmatrix} 1 & 1 & 1 & 1 \\ b & a & d & c \\ c & d & a & b \\ d & c & b & a \end{vmatrix}$

$\xlongequal[c_2-c_1]{c_4-c_1 \atop c_3-c_2} (a+b+c+d)\begin{vmatrix} 1 & 0 & 0 & 0 \\ b & a-b & d-a & c-b \\ c & d-c & a-d & b-c \\ d & c-d & b-c & a-d \end{vmatrix}$

$=(a+b+c+d)\begin{vmatrix} a-b & d-a & c-b \\ d-c & a-d & b-c \\ c-d & b-c & a-d \end{vmatrix}$

$\xlongequal{r_3+r_2 \atop r_2+r_1} (a+b+c+d)\begin{vmatrix} a-b & d-a & c-b \\ a-b-c+d & 0 & 0 \\ 0 & a+b-c-d & a+b-c-d \end{vmatrix}$

$=(a+b+c+d)(a-b-c+d)(-1)^{2+1}\begin{vmatrix} d-a & c-b \\ a+b-c-d & a+b-c-d \end{vmatrix}$

$=-(a+b+c+d)(a-b-c+d)(a+b-c-d)[(d-a)-(c-b)]$

$=(a+b+c+d)(a-b-c+d)(a+b-c-d)(a-b+c-d)$

9. **解** (1) $D=\begin{vmatrix} 1 & 2 & 3 \\ 1 & 0 & -1 \\ -2 & 0 & 3 \end{vmatrix}=2\times(-1)^{1+2}\begin{vmatrix} 1 & -1 \\ -2 & 3 \end{vmatrix}=-2.$

(2) $a_{11}A_{11}+a_{12}A_{12}+a_{13}A_{13}=D=-2.$

(3) $a_{21}A_{11}+a_{22}A_{12}+a_{23}A_{13}=0.$

(4) $A_{11}+A_{22}+A_{33}=(-1)^{1+1}\begin{vmatrix} 0 & -1 \\ 0 & 3 \end{vmatrix}+(-1)^{2+2}\begin{vmatrix} 1 & 3 \\ -2 & 3 \end{vmatrix}+(-1)^{3+3}\begin{vmatrix} 1 & 2 \\ 1 & 0 \end{vmatrix}$

$=0+9-2=7.$

(5) $A_{11}+A_{12}+A_{13}=\begin{vmatrix} 1 & 1 & 1 \\ 1 & 0 & -1 \\ -2 & 0 & 3 \end{vmatrix}=1\times(-1)^{1+2}\begin{vmatrix} 1 & -1 \\ -2 & 3 \end{vmatrix}=-1.$

(6) $M_{11}-M_{12}+M_{13}=A_{11}+A_{12}+A_{13}=-1.$

10. **解** $D=a\begin{vmatrix} b & -1 & 0 \\ 1 & c & -1 \\ 0 & 1 & d \end{vmatrix}+(-1)^2\begin{vmatrix} 1 & -1 & 0 \\ 0 & c & -1 \\ 0 & 1 & d \end{vmatrix}$

$=a\left[b\begin{vmatrix} c & -1 \\ 1 & d \end{vmatrix}+\begin{vmatrix} 1 & -1 \\ 0 & d \end{vmatrix}\right]+cd+1=abcd+ab+ad+cd+1$

11. **解** $D_n \xlongequal{\text{按第1行展开}} a\begin{vmatrix} a & 0 & \cdots & 0 & 0 \\ 0 & a & \cdots & 0 & 0 \\ \vdots & \vdots & & \vdots & \vdots \\ 0 & 0 & \cdots & a & 0 \\ 0 & 0 & \cdots & 0 & a \end{vmatrix}+1\times(-1)^{1+n}\begin{vmatrix} 0 & a & 0 & \cdots & 0 \\ 0 & 0 & a & \cdots & 0 \\ \vdots & \vdots & \vdots & & \vdots \\ 0 & 0 & 0 & \cdots & a \\ 1 & 0 & 0 & \cdots & 0 \end{vmatrix}$

$$=a^n+(-1)^{1+n}\times(-1)^{(n-1)+1}\begin{vmatrix} a & 0 & \cdots & 0 \\ 0 & a & \cdots & 0 \\ \vdots & \vdots & & \vdots \\ 0 & 0 & \cdots & a \end{vmatrix}$$

$$=a^n+(-1)^{2n+1}a^{n-2}=a^n-a^{n-2}$$

12. **证明**

$$左=\begin{vmatrix} a^2 & ab & b^2 \\ 2a & a+b & 2b \\ 1 & 1 & 1 \end{vmatrix} \xlongequal[c_2-c_1]{c_3-c_2} \begin{vmatrix} a^2 & a(b-a) & b(b-a) \\ 2a & b-a & b-a \\ 1 & 0 & 0 \end{vmatrix} =(b-a)^2\begin{vmatrix} a^2 & a & b \\ 2a & 1 & 1 \\ 1 & 0 & 0 \end{vmatrix}$$

$$\xlongequal{按第3行展开}(b-a)^2\times1\times(-1)^{3+1}\begin{vmatrix} a & b \\ 1 & 1 \end{vmatrix}$$

$$=(a-b)^2(a-b)=(a-b)^3=右边$$

13. **解**

$$\boldsymbol{B}=(\boldsymbol{\alpha}_1+\boldsymbol{\alpha}_2,\ \boldsymbol{\alpha}_2+\boldsymbol{\alpha}_3,\ \cdots,\ \boldsymbol{\alpha}_n+\boldsymbol{\alpha}_1)=(\boldsymbol{\alpha}_1,\ \boldsymbol{\alpha}_2,\ \cdots,\ \boldsymbol{\alpha}_n)\begin{pmatrix} 1 & 0 & 0 & \cdots & 0 & 1 \\ 1 & 1 & 0 & \cdots & 0 & 0 \\ 0 & 1 & 1 & \cdots & 0 & 0 \\ \vdots & \vdots & \vdots & & \vdots & \vdots \\ 0 & 0 & 0 & \cdots & 1 & 0 \\ 0 & 0 & 0 & \cdots & 1 & 1 \end{pmatrix}$$

$$=\boldsymbol{AP}$$

其中：

$$|\boldsymbol{P}|=\begin{vmatrix} 1 & 0 & 0 & \cdots & 0 & 1 \\ 1 & 1 & 0 & \cdots & 0 & 0 \\ 0 & 1 & 1 & \cdots & 0 & 0 \\ \vdots & \vdots & \vdots & & \vdots & \vdots \\ 0 & 0 & 0 & \cdots & 1 & 0 \\ 0 & 0 & 0 & \cdots & 1 & 1 \end{vmatrix}=1+(-1)^{n+1}=\begin{cases} 2 & (n\ 为奇数) \\ 0 & (n\ 为偶数) \end{cases}$$

故 $|\boldsymbol{B}|=\begin{cases} 2024 & (n\ 为奇数) \\ 0 & (n\ 为偶数) \end{cases}$.

14. **证明** 对 D_{2n} 按第 1 行展开，得

$$D_{2n}=a\begin{vmatrix} a & & & & & b & 0 \\ & \ddots & & & \iddots & & \\ & & a & b & & & \\ & & c & d & & & \\ & \iddots & & & \ddots & & \\ c & & & & & d & 0 \\ 0 & & & & & 0 & d \end{vmatrix}-b\begin{vmatrix} 0 & a & & & & b \\ & & \ddots & & \iddots & \\ & & a & b & & \\ & & c & d & & \\ & & \iddots & & \ddots & \\ 0 & c & & & & d \\ c & 0 & & & & 0 \end{vmatrix}$$

$$=ad\cdot D_{2(n-1)}-bc\cdot D_{2(n-1)}=(ad-bc)D_{2(n-1)}$$

递推下去，可得

$$\begin{aligned}D_{2n}&=(ad-bc)D_{2(n-1)}=(ad-bc)^2D_{2(n-2)}\\&=(ad-bc)^{n-1}D_2=(ad-bc)^{n-1}(ad-bc)\\&=(ad-bc)^n\end{aligned}$$

所以 $D_{2n}=(ad-bc)^n$.

15. **证明** 当 $n=2$ 时，可直接验算结论成立，假定对这样的 $n-1$ 阶行列式结论成立，进而证明阶数为 n 时结论也成立.

按 D_n 的最后一列，把 D_n 拆成两个 n 阶行列式相加：

$$D_n=\begin{vmatrix}1+a_1&1&\cdots&1&1\\1&1+a_2&\cdots&1&1\\\vdots&\vdots&&\vdots&\vdots\\1&1&\cdots&1&1\end{vmatrix}+\begin{vmatrix}1+a_1&1&\cdots&1&0\\1&1+a_2&\cdots&1&0\\\vdots&\vdots&&\vdots&\vdots\\1&1&\cdots&1+a_{n-1}&0\\1&1&\cdots&1&a_n\end{vmatrix}$$

$$=a_1a_2\cdots a_{n-1}+a_nD_{n-1}$$

但由归纳假设 $D_{n-1}=a_1a_2\cdots a_{n-1}\left[1+\sum\limits_{i=1}^{n-1}\dfrac{1}{a_i}\right]$，从而有

$$\begin{aligned}D_n&=a_1a_2\cdots a_{n-1}+a_na_1a_2\cdots a_{n-1}\left[1+\sum_{i=1}^{n-1}\frac{1}{a_i}\right]\\&=a_1a_2\cdots a_{n-1}a_n\left[1+\sum_{i=1}^{n}\frac{1}{a_i}\right]\\&=\left[1+\sum_{i=1}^{n}\frac{1}{a_i}\right]\prod_{i=1}^{n}a_i\end{aligned}$$

16. **解** 把第 1 行的 -1 倍加到第 2 行，把新的第 2 行的 -1 倍加到第 3 行，以此类推，直到把新的第 $n-1$ 行的 -1 倍加到第 n 行，便得范德蒙行列式：

$$D=\begin{vmatrix}1&1&\cdots&1\\x_1&x_2&\cdots&x_n\\x_1^2&x_2^2&\cdots&x_n^2\\\vdots&\vdots&&\vdots\\x_1^{n-1}&x_2^{n-1}&\cdots&x_n^{n-1}\end{vmatrix}=\prod_{n\geqslant i>j\geqslant 1}(x_i-x_j)$$

17. **解** $D_n=(a_1a_2\cdots a_n)^{n-1}\begin{vmatrix}1&1&1&\cdots&1\\\dfrac{b_1}{a_1}&\dfrac{b_2}{a_2}&\dfrac{b_3}{a_3}&\cdots&\dfrac{b_n}{a_n}\\\left(\dfrac{b_1}{a_1}\right)^2&\left(\dfrac{b_2}{a_2}\right)^2&\left(\dfrac{b_3}{a_3}\right)^2&\cdots&\left(\dfrac{b_n}{a_n}\right)^2\\\vdots&\vdots&\vdots&&\vdots\\\left(\dfrac{b_1}{a_1}\right)^{n-1}&\left(\dfrac{b_2}{a_2}\right)^{n-1}&\left(\dfrac{b_3}{a_3}\right)^{n-1}&\cdots&\left(\dfrac{b_n}{a_n}\right)^{n-1}\end{vmatrix}$

$$=(a_1a_2\cdots a_n)^{n-1}\prod_{1\leqslant j<i\leqslant n}\left(\frac{b_i}{a_i}-\frac{b_j}{a_j}\right)$$

18. **解**　在等式两边左乘 $\boldsymbol{A}$，右乘 $\boldsymbol{A}^{-1}$，得 $\boldsymbol{B}=\boldsymbol{A}(\boldsymbol{A}^*\boldsymbol{B}-\boldsymbol{E})\boldsymbol{A}^{-1}=|\boldsymbol{A}|\boldsymbol{B}\boldsymbol{A}^{-1}-\boldsymbol{E}$，所以 $\boldsymbol{B}|\boldsymbol{A}|\boldsymbol{A}^{-1}-\boldsymbol{B}=\boldsymbol{B}\boldsymbol{A}^*-\boldsymbol{B}=\boldsymbol{E}$，$\boldsymbol{B}=(\boldsymbol{A}^*-\boldsymbol{E})^{-1}$，而 $\boldsymbol{A}^*-\boldsymbol{E}=\begin{pmatrix}1&2&2\\2&5&4\\3&6&7\end{pmatrix}$，所以

$$\boldsymbol{B}=(\boldsymbol{A}^*-\boldsymbol{E})^{-1}=\begin{pmatrix}11&-2&-2\\-2&1&0\\-3&0&1\end{pmatrix}$$

19. **解**　由已知可得，$|\boldsymbol{A}|=\begin{vmatrix}3&2\\2&1\end{vmatrix}=-1$，$|\boldsymbol{P}|=\begin{vmatrix}0&1\\1&1\end{vmatrix}=-1$，所以

$$|\boldsymbol{A}^*|=|\boldsymbol{A}|^{2-1}=-1$$

对 $\boldsymbol{P}\boldsymbol{B}=\boldsymbol{A}^*\boldsymbol{P}$ 两边取行列式，得 $|\boldsymbol{P}||\boldsymbol{B}|=|\boldsymbol{A}^*||\boldsymbol{P}|$，所以

$$|\boldsymbol{B}|=\frac{|\boldsymbol{A}^*||\boldsymbol{P}|}{|\boldsymbol{P}|}=|\boldsymbol{A}^*|=-1$$

20. **解**　因为齐次线性方程组只有零解，系数行列式不等于 0，即

$$\begin{vmatrix}\lambda&1&1\\1&\mu&1\\1&2\mu&1\end{vmatrix}=\begin{vmatrix}\lambda&1&1\\1-\lambda&\mu-1&0\\1-\lambda&2\mu-1&0\end{vmatrix}$$

$$=(-1)^{1+3}\times1\times\begin{vmatrix}1-\lambda&\mu-1\\1-\lambda&2\mu-1\end{vmatrix}$$

$$=\mu(1-\lambda)\neq0$$

所以 $\mu\neq0$ 且 $\lambda\neq1$.

21. **解**　因为 $D=\begin{vmatrix}1&1&1\\a&1&a-1\\1&a&1\end{vmatrix}=a-1\neq0$，$a\neq1$ 时方程组有唯一解，所以

$$D_1=\begin{vmatrix}a&1&1\\a-1&1&a-1\\1&a&1\end{vmatrix}=(a-1)(a+1-a^2)$$

$$D_2=\begin{vmatrix}1&a&1\\a&a-1&a-1\\1&1&1\end{vmatrix}=1-a$$

$$D_3=\begin{vmatrix}1&1&a\\a&1&a-1\\1&a&1\end{vmatrix}=a^2(a-1)$$

$$x_1=\frac{D_1}{D}=1+a-a^2，x_2=-1，x_3=a^2$$

第4章 向量空间

一、选择题

1～5 DCBCB； 6～10 DABAA； 11～15 AADCB；
16～20 BBDDA.

二、填空题

1. 0； 2. 1； 3. $\boldsymbol{\alpha}_1$，$\boldsymbol{\alpha}_2$； 4. 2，3； 5. 3，α_1，α_2，α_3；

6. $\max(r_1, r_2) \leqslant r_3 \leqslant r_1 + r_2$； 7. $\frac{1}{3}(1, 1, 1)^{\mathrm{T}} + k(1, 0, 0)^{\mathrm{T}}$； 8. $\left(3, \frac{1}{2}, \frac{3}{2}\right)$；

9. 2； 10. 3； 11. $\frac{7}{4}$； 12. $c(1, 1, \cdots, 1)^{\mathrm{T}}$，$c \in \mathbf{R}$； 13. 0；

14. $x_1 + 2x_2 - 3x_3 = 0$； 15. $k(0, 1, -1, -1)^{\mathrm{T}} + \left(\frac{1}{2}, \frac{1}{2}, 0, 1\right)^{\mathrm{T}}$.

三、计算证明题

1. **解** (1) 错误. 反例：设 $\boldsymbol{a}_1 = \boldsymbol{e}_1 = (1, 0, 0, \cdots, 0)^{\mathrm{T}}$，$\boldsymbol{a}_2 = \boldsymbol{a}_3 = \cdots = \boldsymbol{a}_m = \boldsymbol{0}$，因 $\boldsymbol{a}_1$，$\boldsymbol{a}_2$，…，$\boldsymbol{a}_m$ 含有零向量，故线性相关，但 $\boldsymbol{a}_1$ 不能由 $\boldsymbol{a}_2$，…，$\boldsymbol{a}_m$ 线性表示.

(2) 错误. 反例：若有不全为零的数 λ_1，λ_2，…，λ_m 使

$$\lambda_1 \boldsymbol{a}_1 + \cdots + \lambda_m \boldsymbol{a}_m + \lambda_1 \boldsymbol{b}_1 + \cdots + \lambda_m \boldsymbol{b}_m = \boldsymbol{0}$$

原式可化为 $\lambda_1(\boldsymbol{a}_1 + \boldsymbol{b}_1) + \cdots + \lambda_m(\boldsymbol{a}_m + \boldsymbol{b}_m) = \boldsymbol{0}$。

取 $\boldsymbol{a}_1 = \boldsymbol{e}_1 = -\boldsymbol{b}_1$，$\boldsymbol{a}_2 = \boldsymbol{e}_2 = -\boldsymbol{b}_2$，…，$\boldsymbol{a}_m = \boldsymbol{e}_m = -\boldsymbol{b}_m$，其中 $\boldsymbol{e}_1$，$\boldsymbol{e}_2$，…，$\boldsymbol{e}_m$ 为单位向量，则上式成立，但显然 $\boldsymbol{a}_1$，…，$\boldsymbol{a}_m$，$\boldsymbol{b}_1$，…，$\boldsymbol{b}_m$ 线性相关.

(3) 错误. 反例：只有当 $\lambda_1 = \cdots = \lambda_m = 0$ 时，由等式 $\lambda_1 \boldsymbol{a}_1 + \cdots + \lambda_m \boldsymbol{a}_m + \lambda_1 \boldsymbol{b}_1 + \cdots + \lambda_m \boldsymbol{b}_m = \boldsymbol{0}$ 可得：$\boldsymbol{a}_1 + \boldsymbol{b}_1$，$\boldsymbol{a}_2 + \boldsymbol{b}_2$，…，$\boldsymbol{a}_m + \boldsymbol{b}_m$ 线性无关.

可取 $\boldsymbol{a}_1 = \boldsymbol{a}_2 = \cdots = \boldsymbol{a}_m = \boldsymbol{0}$，$\boldsymbol{b}_1$，$\boldsymbol{b}_2$，…，$\boldsymbol{b}_m$ 为线性无关组满足上述条件，但不能说 $\boldsymbol{a}_1$，$\boldsymbol{a}_2$，…，$\boldsymbol{a}_m$ 线性无关.

(4) 错误. 反例：取 $\boldsymbol{a}_1 = \begin{pmatrix} 1 \\ 0 \end{pmatrix}$，$\boldsymbol{a}_2 = \begin{pmatrix} 2 \\ 0 \end{pmatrix}$，$\boldsymbol{b}_1 = \begin{pmatrix} 0 \\ 3 \end{pmatrix}$，$\boldsymbol{b}_2 = \begin{pmatrix} 0 \\ 4 \end{pmatrix}$，则显然 $\boldsymbol{a}_1$、$\boldsymbol{a}_2$ 线性相关，$\boldsymbol{b}_1$、$\boldsymbol{b}_2$ 线性相关，但

$$\left.\begin{array}{l} \lambda_1 \boldsymbol{a}_1 + \lambda_2 \boldsymbol{a}_2 = 0 \Rightarrow \lambda_1 = -2\lambda_2 \\ \lambda_1 \boldsymbol{b}_1 + \lambda_2 \boldsymbol{b}_2 = 0 \Rightarrow \lambda_1 = -\frac{3}{4}\lambda_2 \end{array}\right\} \Rightarrow \lambda_1 = \lambda_2 = 0 \text{ 与题设矛盾}$$

2. **解** 这种判断不正确. 因为由

$$k_1\boldsymbol{\alpha}_1+k_2\boldsymbol{\alpha}_2+k_3\boldsymbol{\alpha}_3=\mathbf{0}$$

即

$$k_1\begin{pmatrix}1\\0\\0\end{pmatrix}+k_2\begin{pmatrix}0\\1\\0\end{pmatrix}+k_3\begin{pmatrix}0\\4\\0\end{pmatrix}=\begin{pmatrix}0\\0\\0\end{pmatrix}$$

得 $k_1=0$，$k_2=-4$，$k_3=1$，故 $\boldsymbol{\alpha}_1$，$\boldsymbol{\alpha}_2$，$\boldsymbol{\alpha}_3$ 线性相关.

3. $\boldsymbol{\gamma}=\left(-\dfrac{14}{15},\ 2,\ -\dfrac{38}{15}\right)^{\mathrm{T}}$.

4. **解法 1** 原式 $\xlongequal[c_1+c_3]{c_1+c_2}|-(\boldsymbol{\alpha}_1+\boldsymbol{\alpha}_2+\boldsymbol{\alpha}_3),\ \boldsymbol{\alpha}_2-\boldsymbol{\alpha}_3-\boldsymbol{\alpha}_1,\ \boldsymbol{\alpha}_3-\boldsymbol{\alpha}_1-\boldsymbol{\alpha}_2|$

$$=-|\boldsymbol{\alpha}_1+\boldsymbol{\alpha}_2+\boldsymbol{\alpha}_3,\ \boldsymbol{\alpha}_2-\boldsymbol{\alpha}_3-\boldsymbol{\alpha}_1,\ \boldsymbol{\alpha}_3-\boldsymbol{\alpha}_1-\boldsymbol{\alpha}_2|$$
$$=-|\boldsymbol{\alpha}_1+\boldsymbol{\alpha}_2+\boldsymbol{\alpha}_3,\ 2\boldsymbol{\alpha}_2,\ 2\boldsymbol{\alpha}_3|=-4|\boldsymbol{\alpha}_1,\ \boldsymbol{\alpha}_2,\ \boldsymbol{\alpha}_3|=-20$$

解法 2

$$(\boldsymbol{\alpha}_2-\boldsymbol{\alpha}_3-\boldsymbol{\alpha}_1,\ \boldsymbol{\alpha}_1-\boldsymbol{\alpha}_2-\boldsymbol{\alpha}_3,\ \boldsymbol{\alpha}_3-\boldsymbol{\alpha}_1-\boldsymbol{\alpha}_2)=(\boldsymbol{\alpha}_1,\ \boldsymbol{\alpha}_2,\ \boldsymbol{\alpha}_3)\begin{pmatrix}1&-1&-1\\-1&1&-1\\-1&-1&1\end{pmatrix}$$

则 $$|\boldsymbol{\alpha}_1-\boldsymbol{\alpha}_2-\boldsymbol{\alpha}_3,\ \boldsymbol{\alpha}_2-\boldsymbol{\alpha}_3-\boldsymbol{\alpha}_1,\ \boldsymbol{\alpha}_3-\boldsymbol{\alpha}_1-\boldsymbol{\alpha}_2|=|\boldsymbol{\alpha}_1,\ \boldsymbol{\alpha}_2,\ \boldsymbol{\alpha}_3|\begin{vmatrix}1&-1&-1\\-1&1&-1\\-1&-1&1\end{vmatrix}=-20$$

5. **解** 因为 $\boldsymbol{a}_1+\boldsymbol{b}$、$\boldsymbol{a}_2+\boldsymbol{b}$ 线性相关，故存在不全为零的数 λ_1、λ_2，使

$$\lambda_1(\boldsymbol{a}_1+\boldsymbol{b})+\lambda_2(\boldsymbol{a}_2+\boldsymbol{b})=\mathbf{0}$$

由此得

$$\boldsymbol{b}=-\frac{\lambda_1}{\lambda_1+\lambda_2}\boldsymbol{a}_1-\frac{\lambda_2}{\lambda_1+\lambda_2}\boldsymbol{a}_2=-\frac{\lambda_1}{\lambda_1+\lambda_2}\boldsymbol{a}_1-\left(1-\frac{\lambda_1}{\lambda_1+\lambda_2}\right)\boldsymbol{a}_2$$

设 $c=-\dfrac{\lambda_1}{\lambda_1+\lambda_2}$，则 $\boldsymbol{b}=c\boldsymbol{a}_1-(c+1)\boldsymbol{a}_2$，$c\in\mathbf{R}$.

6. **解法 1** （用定义）：令 $k_1\boldsymbol{\alpha}_1+k_2\boldsymbol{\alpha}_2+k_3\boldsymbol{\alpha}_3=\mathbf{0}$，即

$$k_1\begin{pmatrix}1\\-2\\3\end{pmatrix}+k_2\begin{pmatrix}0\\2\\-5\end{pmatrix}+k_3\begin{pmatrix}-1\\0\\2\end{pmatrix}=\begin{pmatrix}0\\0\\0\end{pmatrix}$$

整理得到线性方程组 $\begin{cases}k_1 - k_3=0\\-2k_1+2k_2=0\\3k_1-5k_2+2k_3=0\end{cases}$.

因为该方程组的系数行列式 $\begin{vmatrix}1&0&-1\\-2&2&0\\3&-5&2\end{vmatrix}=0$，所以方程组有非零解，故 $\boldsymbol{\alpha}_1$，$\boldsymbol{\alpha}_2$，$\boldsymbol{\alpha}_3$ 线性相关.

解法 2 （利用矩阵的秩）：构造以 $\boldsymbol{\alpha}_1$，$\boldsymbol{\alpha}_2$，$\boldsymbol{\alpha}_3$ 为列向量组的矩阵 $\boldsymbol{A}=\begin{pmatrix}1&0&-1\\-2&2&0\\3&-5&2\end{pmatrix}$，

经过初等变换，**A** 可化为$\begin{pmatrix}1 & 0 & -1\\0 & 2 & -2\\0 & 0 & 0\end{pmatrix}$，于是 $R(\boldsymbol{A})=2<3$，所以向量组 $\boldsymbol{\alpha}_1$，$\boldsymbol{\alpha}_2$，$\boldsymbol{\alpha}_3$ 线性相关.

解法 3 （利用方阵的行列式）：构造以 $\boldsymbol{\alpha}_1$，$\boldsymbol{\alpha}_2$，$\boldsymbol{\alpha}_3$ 为列向量组的矩阵 $\boldsymbol{A}=\begin{pmatrix}1 & 0 & -1\\-2 & 2 & 0\\3 & -5 & 2\end{pmatrix}$，因为 $|\boldsymbol{A}|=0$，故向量组 $\boldsymbol{\alpha}_1$，$\boldsymbol{\alpha}_2$，$\boldsymbol{\alpha}_3$ 线性相关.

7. **证法 1** 用线性无关的定义证明.

在 $\boldsymbol{\alpha}_1$，$\boldsymbol{\alpha}_2$，…，$\boldsymbol{\alpha}_n$，$\boldsymbol{\alpha}_{n+1}$ 中任取 n 个向量 $\boldsymbol{\alpha}_1$，$\boldsymbol{\alpha}_2$，…，$\boldsymbol{\alpha}_{i-1}$，$\boldsymbol{\alpha}_{i+1}$，…，$\boldsymbol{\alpha}_n$，$\boldsymbol{\alpha}_{n+1}$$(1\leqslant i\leqslant n+1)$，令

$$k_1\boldsymbol{\alpha}_1+k_2\boldsymbol{\alpha}_2+\cdots+k_{i-1}\boldsymbol{\alpha}_{i-1}+k_{i+1}\boldsymbol{\alpha}_{i+1}+\cdots+k_n\boldsymbol{\alpha}_n+k_{n+1}\boldsymbol{\alpha}_{n+1}=\boldsymbol{0} \qquad ①$$

将条件中的 $\boldsymbol{\alpha}_{n+1}=\lambda_1\boldsymbol{\alpha}_1+\lambda_2\boldsymbol{\alpha}_2+\cdots+\lambda_n\boldsymbol{\alpha}_n$ 代入①式并整理得

$$(k_1+\lambda_1k_{n+1})\boldsymbol{\alpha}_1+(k_2+\lambda_2k_{n+1})\boldsymbol{\alpha}_2+\cdots+(k_{i-1}+\lambda_{i-1}k_{n+1})\boldsymbol{\alpha}_{i-1}+$$
$$\lambda_ik_{n+1}\boldsymbol{\alpha}_i+(k_{i+1}+\lambda_{i+1}k_{n+1})\boldsymbol{\alpha}_{i+1}+\cdots+(k_n+\lambda_nk_{n+1})\boldsymbol{\alpha}_n=\boldsymbol{0}$$

因为向量组 $\boldsymbol{\alpha}_1$，$\boldsymbol{\alpha}_2$，…，$\boldsymbol{\alpha}_n$ 线性无关，所以

$$\begin{cases}k_1+\lambda_1k_{n+1}=0\\k_2+\lambda_2k_{n+1}=0\\\quad\vdots\\k_{i-1}+\lambda_{i-1}k_{n+1}=0\\\lambda_ik_{n+1}=0\\k_{i+1}+\lambda_{i+1}k_{n+1}=0\\\quad\vdots\\k_n+\lambda_nk_{n+1}=0\end{cases}$$

又因为 $\lambda_i\neq0(i=1,2,\cdots,n)$，所以 $k_{n+1}=0$，从而解得 $k_1=k_2=\cdots=k_{i-1}=k_{i+1}=k_n=0$. 所以向量组 $\boldsymbol{\alpha}_1$，$\boldsymbol{\alpha}_2$，…，$\boldsymbol{\alpha}_{i-1}$，$\boldsymbol{\alpha}_{i+1}$，…，$\boldsymbol{\alpha}_n$，$\boldsymbol{\alpha}_{n+1}$ 线性无关.

证法 2 利用两向量组的等价，求向量组的秩. 设

A：$\boldsymbol{\alpha}_1$，$\boldsymbol{\alpha}_2$，…，$\boldsymbol{\alpha}_{i-1}$，$\boldsymbol{\alpha}_{i+1}$，…，$\boldsymbol{\alpha}_n$，$\boldsymbol{\alpha}_{n+1}$；

B：$\boldsymbol{\alpha}_1$，$\boldsymbol{\alpha}_2$，…，$\boldsymbol{\alpha}_{i-1}$，$\boldsymbol{\alpha}_i$，$\boldsymbol{\alpha}_{i+1}$，…，$\boldsymbol{\alpha}_n$，$\boldsymbol{\alpha}_{n+1}$$(1\leqslant i\leqslant n+1)$.

显然，向量组 **A** 可由向量组 **B** 线性表出. 又根据 $\boldsymbol{\alpha}_{n+1}=\lambda_1\boldsymbol{\alpha}_1+\lambda_2\boldsymbol{\alpha}_2+\cdots+\lambda_n\boldsymbol{\alpha}_n$ 且 $\lambda_i\neq0(i=1,2,\cdots,n)$，得

$$\boldsymbol{\alpha}_i=-\frac{\lambda_1}{\lambda_i}\boldsymbol{\alpha}_1-\frac{\lambda_2}{\lambda_i}\boldsymbol{\alpha}_2-\cdots-\frac{\lambda_{i-1}}{\lambda_i}\boldsymbol{\alpha}_{i-1}-\frac{\lambda_{i+1}}{\lambda_i}\boldsymbol{\alpha}_{i+1}-\cdots-\frac{\lambda_n}{\lambda_i}\boldsymbol{\alpha}_n-\frac{1}{\lambda_i}\boldsymbol{\alpha}_{n+1}$$

所以，$\boldsymbol{\alpha}_i$ 可由 **A** 线性表出. 除 $\boldsymbol{\alpha}_i$ 外，向量组 **B** 中的其余向量显然都可由 **A** 线性表出，故向量组 **B** 可由向量组 **A** 线性表出，所以 **A** 与 **B** 等价.

又因为 $\boldsymbol{\alpha}_1$，$\boldsymbol{\alpha}_2$，…，$\boldsymbol{\alpha}_n$ 线性无关，$\boldsymbol{\alpha}_{n+1}=\lambda_1\boldsymbol{\alpha}_1+\lambda_2\boldsymbol{\alpha}_2+\cdots+\lambda_n\boldsymbol{\alpha}_n$，所以 $R(\boldsymbol{B})=n=R(\boldsymbol{A})$，即向量组 **A** 线性无关.

证法 3 利用矩阵的秩证明. 在 $\boldsymbol{\alpha}_1$，$\boldsymbol{\alpha}_2$，…，$\boldsymbol{\alpha}_n$，$\boldsymbol{\alpha}_{n+1}$ 中任取 n 个向量 $\boldsymbol{\alpha}_1$，$\boldsymbol{\alpha}_2$，…，$\boldsymbol{\alpha}_{i-1}$，$\boldsymbol{\alpha}_{i+1}$，…，$\boldsymbol{\alpha}_n$，$\boldsymbol{\alpha}_{n+1}$$(1\leqslant i\leqslant n+1)$，设矩阵 $\boldsymbol{A}=(\boldsymbol{\alpha}_1,\boldsymbol{\alpha}_2,\cdots,\boldsymbol{\alpha}_{i-1},\boldsymbol{\alpha}_{i+1},\cdots,\boldsymbol{\alpha}_n,$

$\boldsymbol{\alpha}_{n+1}$)，于是

$$\boldsymbol{A}=(\boldsymbol{\alpha}_1,\boldsymbol{\alpha}_2,\cdots,\boldsymbol{\alpha}_n)\begin{pmatrix}1&0&\cdots&0&0&\cdots&0&\lambda_1\\0&1&\cdots&0&0&\cdots&0&\lambda_2\\\vdots&\vdots&&\vdots&\vdots&&\vdots&\vdots\\0&0&\cdots&1&0&\cdots&0&\lambda_{i-1}\\0&0&\cdots&0&0&\cdots&0&\lambda_i\\0&0&\cdots&0&1&\cdots&0&\lambda_{i+1}\\\vdots&\vdots&&\vdots&\vdots&&\vdots&\vdots\\0&0&\cdots&0&0&\cdots&1&\lambda_n\end{pmatrix}=(\boldsymbol{\alpha}_1,\boldsymbol{\alpha}_2,\cdots,\boldsymbol{\alpha}_n)\boldsymbol{C}$$

而$|\boldsymbol{C}|\neq0$，所以矩阵$\boldsymbol{C}$可逆，所以$R(\boldsymbol{A})=n$，即$\boldsymbol{\alpha}_1,\boldsymbol{\alpha}_2,\cdots,\boldsymbol{\alpha}_{i-1},\boldsymbol{\alpha}_{i+1},\cdots,\boldsymbol{\alpha}_n,\boldsymbol{\alpha}_{n+1}$线性无关.

证法4 利用行列式证明. 在证法3中，$\boldsymbol{A}=(\boldsymbol{\alpha}_1,\boldsymbol{\alpha}_2,\cdots,\boldsymbol{\alpha}_n)\boldsymbol{C}$，两边取行列式，得$|\boldsymbol{A}|=|\boldsymbol{\alpha}_1,\boldsymbol{\alpha}_2,\cdots,\boldsymbol{\alpha}_n||\boldsymbol{C}|$，因为$\boldsymbol{\alpha}_1,\boldsymbol{\alpha}_2,\cdots,\boldsymbol{\alpha}_n$线性无关，故$|\boldsymbol{\alpha}_1,\boldsymbol{\alpha}_2,\cdots,\boldsymbol{\alpha}_n|\neq0$，又由于$|\boldsymbol{C}|\neq0$，于是$|\boldsymbol{A}|\neq0$，故$\boldsymbol{\alpha}_1,\boldsymbol{\alpha}_2,\cdots,\boldsymbol{\alpha}_{i-1},\boldsymbol{\alpha}_{i+1},\cdots,\boldsymbol{\alpha}_n,\boldsymbol{\alpha}_{n+1}$线性无关.

8. **证明**(反证法) 设$\boldsymbol{\alpha}_1,\boldsymbol{\alpha}_2,\cdots,\boldsymbol{\alpha}_s$线性相关，则有$k_1,k_2,\cdots,k_s$不全为零，使$k_1\boldsymbol{\alpha}_1+k_2\boldsymbol{\alpha}_2+\cdots+k_s\boldsymbol{\alpha}_s=\boldsymbol{0}$，设$k_1,k_2,\cdots,k_s$中最后一个不为零的数为$k_i$，则

$$k_1\boldsymbol{\alpha}_1+k_2\boldsymbol{\alpha}_2+\cdots+k_i\boldsymbol{\alpha}_i=\boldsymbol{0} \qquad ①$$

用$\boldsymbol{A}$左乘式①两边，得

$$k_1\boldsymbol{\alpha}_1+k_2(\boldsymbol{\alpha}_2+\boldsymbol{\alpha}_1)+\cdots+k_i(\boldsymbol{\alpha}_i+\boldsymbol{\alpha}_{i-1})=\boldsymbol{0} \qquad ②$$

将式②减去式①得

$$k_2\boldsymbol{\alpha}_1+k_3\boldsymbol{\alpha}_2+\cdots+k_i\boldsymbol{\alpha}_{i-1}=\boldsymbol{0} \qquad ③$$

再用$\boldsymbol{A}$左乘式③的两边，得

$$k_2\boldsymbol{\alpha}_1+k_3(\boldsymbol{\alpha}_2+\boldsymbol{\alpha}_1)+\cdots+k_i(\boldsymbol{\alpha}_{i-1}+\boldsymbol{\alpha}_{i-2})=\boldsymbol{0} \qquad ④$$

由式④减去式③得$k_3\boldsymbol{\alpha}_1+k_4\boldsymbol{\alpha}_2+\cdots+k_i\boldsymbol{\alpha}_{i-2}=\boldsymbol{0}$.

依次进行$i-1$次，最后可得$k_i\boldsymbol{\alpha}_1=\boldsymbol{0}$，而$k_i\neq0$，所以$\boldsymbol{\alpha}_1=\boldsymbol{0}$，这与题设条件矛盾，故$\boldsymbol{\alpha}_1,\boldsymbol{\alpha}_2,\cdots,\boldsymbol{\alpha}_s$线性无关.

9. **解法1** (1) $R(\boldsymbol{A})=R(\boldsymbol{\alpha}\boldsymbol{\alpha}^{\mathrm{T}}+\boldsymbol{\beta}\boldsymbol{\beta}^{\mathrm{T}})\leqslant R(\boldsymbol{\alpha}\boldsymbol{\alpha}^{\mathrm{T}})+R(\boldsymbol{\beta}\boldsymbol{\beta}^{\mathrm{T}})\leqslant R(\boldsymbol{\alpha})+R(\boldsymbol{\beta})\leqslant2$.

(2) 由于$\boldsymbol{\alpha}$、$\boldsymbol{\beta}$线性相关，不妨设$\boldsymbol{\beta}=\lambda\boldsymbol{\alpha}$，则$\boldsymbol{\beta}^{\mathrm{T}}=\lambda\boldsymbol{\alpha}^{\mathrm{T}}$，$\boldsymbol{\beta}\boldsymbol{\beta}^{\mathrm{T}}=\lambda^2\boldsymbol{\alpha}\boldsymbol{\alpha}^{\mathrm{T}}$，则$\boldsymbol{A}=(1+\lambda^2)\boldsymbol{\alpha}\boldsymbol{\alpha}^{\mathrm{T}}$，于是$R(\boldsymbol{A})=R(\boldsymbol{\alpha}\boldsymbol{\alpha}^{\mathrm{T}})\leqslant1<2$.

解法2 设$\boldsymbol{\alpha}=\begin{pmatrix}a_1\\a_2\\a_3\end{pmatrix}$，$\boldsymbol{\beta}=\begin{pmatrix}b_1\\b_2\\b_3\end{pmatrix}$，则$\boldsymbol{\alpha}\boldsymbol{\alpha}^{\mathrm{T}}=(a_1\boldsymbol{\alpha},a_2\boldsymbol{\alpha},a_3\boldsymbol{\alpha})$，$\boldsymbol{\beta}\boldsymbol{\beta}^{\mathrm{T}}=(b_1\boldsymbol{\beta},b_2\boldsymbol{\beta},b_3\boldsymbol{\beta})$，而

$$\boldsymbol{A}=(a_1\boldsymbol{\alpha}+b_1\boldsymbol{\beta},a_2\boldsymbol{\alpha}+b_2\boldsymbol{\beta},a_3\boldsymbol{\alpha}+b_3\boldsymbol{\beta})=(\boldsymbol{\alpha},\boldsymbol{\beta})\begin{pmatrix}a_1&a_2&a_3\\b_1&b_2&b_3\end{pmatrix}$$

故有：

(1) $R(\boldsymbol{A})\leqslant R(\boldsymbol{\alpha},\boldsymbol{\beta})\leqslant2$.

(2) $\boldsymbol{\alpha}$、$\boldsymbol{\beta}$相关时，$R(\boldsymbol{\alpha},\boldsymbol{\beta})<2$，所以$R(\boldsymbol{A})<2$.

10. **解** 设 $\boldsymbol{A}=(\boldsymbol{\alpha}_1,\boldsymbol{\alpha}_2,\boldsymbol{\alpha}_3,\boldsymbol{\alpha}_4)=\begin{pmatrix}1&2&5&3\\-2&1&0&-1\\3&2&7&5\\-1&-2&-5&-3\\2&-3&-4&-1\end{pmatrix}$，先对 $\boldsymbol{A}$ 施行行初等变换化为行阶梯形矩阵 $\begin{pmatrix}1&2&5&3\\0&1&2&1\\0&0&0&0\\0&0&0&0\\0&0&0&0\end{pmatrix}$，知向量组的秩 $R(\boldsymbol{\alpha}_1,\boldsymbol{\alpha}_2,\boldsymbol{\alpha}_3,\boldsymbol{\alpha}_4)=R(\boldsymbol{A})=2$. 而两个非零行的首非零元素在 1、2 两列，故 $\boldsymbol{\alpha}_1$、$\boldsymbol{\alpha}_2$ 为 $\boldsymbol{\alpha}_1,\boldsymbol{\alpha}_2,\boldsymbol{\alpha}_3,\boldsymbol{\alpha}_4$ 的一个极大无关组. 再继续把 $\boldsymbol{A}$ 变成行最简形矩阵：

$$\boldsymbol{A}\sim\begin{pmatrix}1&0&1&1\\0&1&2&1\\0&0&0&0\\0&0&0&0\\0&0&0&0\end{pmatrix}$$

即得 $\boldsymbol{\alpha}_3=\boldsymbol{\alpha}_1+2\boldsymbol{\alpha}_2$，$\boldsymbol{\alpha}_4=\boldsymbol{\alpha}_1+\boldsymbol{\alpha}_2$.

11. **解** 因为

$$(\boldsymbol{\alpha}_3,\boldsymbol{\alpha}_4,\boldsymbol{\alpha}_1,\boldsymbol{\alpha}_2)=\begin{pmatrix}1&2&a&2\\2&3&3&b\\1&1&1&3\end{pmatrix}\underset{r_3-r_1}{\overset{r_2-2r_1}{\sim}}\begin{pmatrix}1&2&a&2\\0&-1&3-2a&b-4\\0&-1&1-a&1\end{pmatrix}$$

$$\overset{r_3-r_2}{\sim}\begin{pmatrix}1&2&a&2\\0&-1&3-2a&b-4\\0&0&a-2&5-b\end{pmatrix}$$

而 $R(\boldsymbol{\alpha}_1,\boldsymbol{\alpha}_2,\boldsymbol{\alpha}_3,\boldsymbol{\alpha}_4)=2$，所以 $a=2$，$b=5$.

12. **解** 记 $\boldsymbol{A}=(\boldsymbol{\alpha}_1,\boldsymbol{\alpha}_2,\boldsymbol{\alpha}_3,\boldsymbol{\alpha}_4)$，计算可得 $|\boldsymbol{A}|=(a+10)\cdot a^3$，所以当 $a=0$ 或 $a=-10$ 时，$\boldsymbol{\alpha}_1,\boldsymbol{\alpha}_2,\boldsymbol{\alpha}_3,\boldsymbol{\alpha}_4$ 线性相关.

(1) 当 $a=0$ 时，$R(\boldsymbol{A})=1$，$\boldsymbol{\alpha}_1,\boldsymbol{\alpha}_2,\boldsymbol{\alpha}_3,\boldsymbol{\alpha}_4$ 任一向量都可作极大无关组，如取 $\boldsymbol{\alpha}_1$ 作极大无关组，则 $\boldsymbol{\alpha}_2=2\boldsymbol{\alpha}_1$，$\boldsymbol{\alpha}_3=3\boldsymbol{\alpha}_1$，$\boldsymbol{\alpha}_4=4\boldsymbol{\alpha}_1$.

(2) 当 $a=-10$ 时，对 $\boldsymbol{A}$ 作一系列初等行变换：

$$\boldsymbol{A}=\begin{pmatrix}-9&2&3&4\\1&-8&3&4\\1&2&-7&4\\1&2&3&-6\end{pmatrix}\sim\begin{pmatrix}0&0&0&0\\1&-1&0&0\\1&0&-1&0\\1&0&0&-1\end{pmatrix}\overset{\text{def}}{=\!=}\boldsymbol{B}$$

于是 $R(\boldsymbol{A})=R(\boldsymbol{B})=3$，所以极大无关组中有 3 个向量，取 $\boldsymbol{\alpha}_2,\boldsymbol{\alpha}_3,\boldsymbol{\alpha}_4$，则

$$\boldsymbol{\alpha}_1=-(\boldsymbol{\alpha}_2+\boldsymbol{\alpha}_3+\boldsymbol{\alpha}_4)$$

13. **证明** 将已知关系写成

$$(\boldsymbol{\beta}_1, \boldsymbol{\beta}_2, \cdots, \boldsymbol{\beta}_n)=(\boldsymbol{\alpha}_1, \boldsymbol{\alpha}_2, \cdots, \boldsymbol{\alpha}_n)\begin{pmatrix} 0 & 1 & 1 & \cdots & 1 \\ 1 & 0 & 1 & \cdots & 1 \\ 1 & 1 & 0 & \cdots & 1 \\ \vdots & \vdots & \vdots & & \vdots \\ 1 & 1 & 1 & \cdots & 0 \end{pmatrix}$$

简记为 $\boldsymbol{B}=\boldsymbol{AK}$. 因为

$$|\boldsymbol{K}|=\begin{vmatrix} 0 & 1 & 1 & \cdots & 1 \\ 1 & 0 & 1 & \cdots & 1 \\ 1 & 1 & 0 & \cdots & 1 \\ \vdots & \vdots & \vdots & & \vdots \\ 1 & 1 & 1 & \cdots & 0 \end{vmatrix}=(-1)^{n-1}(n-1)\neq 0$$

所以 $\boldsymbol{K}$ 可逆，故有 $\boldsymbol{A}=\boldsymbol{BK}^{-1}$. 由 $\boldsymbol{B}=\boldsymbol{AK}$ 和 $\boldsymbol{A}=\boldsymbol{BK}^{-1}$ 可知，向量组 $\boldsymbol{\alpha}_1, \boldsymbol{\alpha}_2, \cdots, \boldsymbol{\alpha}_n$ 与向量组 $\boldsymbol{\beta}_1, \boldsymbol{\beta}_2, \cdots, \boldsymbol{\beta}_n$ 可相互线性表示. 因此向量组 $\boldsymbol{\alpha}_1, \boldsymbol{\alpha}_2, \cdots, \boldsymbol{\alpha}_n$ 与向量组 $\boldsymbol{\beta}_1, \boldsymbol{\beta}_2, \cdots, \boldsymbol{\beta}_n$ 等价.

14. **解** (1) 因为

$$\begin{aligned}\boldsymbol{AP}&=\boldsymbol{A}(\boldsymbol{x}, \boldsymbol{y}, \boldsymbol{z})=(\boldsymbol{Ax}, \boldsymbol{A}^2\boldsymbol{x}, \boldsymbol{A}^3\boldsymbol{x})=(\boldsymbol{Ax}, \boldsymbol{A}^2\boldsymbol{x}, 3\boldsymbol{Ax}-\boldsymbol{A}^2\boldsymbol{x}) \\ &=(\boldsymbol{x}, \boldsymbol{Ax}, \boldsymbol{A}^2\boldsymbol{x})\begin{pmatrix} 0 & 0 & 0 \\ 1 & 0 & 3 \\ 0 & 1 & -1 \end{pmatrix}\end{aligned}$$

所以 $\boldsymbol{B}=\begin{pmatrix} 0 & 0 & 0 \\ 1 & 0 & 3 \\ 0 & 1 & -1 \end{pmatrix}$.

(2) 由 $\boldsymbol{A}^3\boldsymbol{x}=3\boldsymbol{Ax}-\boldsymbol{A}^2\boldsymbol{x}$，得 $\boldsymbol{A}(3\boldsymbol{x}-\boldsymbol{Ax}-\boldsymbol{A}^2\boldsymbol{x})=\boldsymbol{0}$. 因为 $\boldsymbol{x}, \boldsymbol{Ax}, \boldsymbol{A}^2\boldsymbol{x}$ 线性无关，故 $3\boldsymbol{x}-\boldsymbol{Ax}-\boldsymbol{A}^2\boldsymbol{x}\neq\boldsymbol{0}$，即方程 $\boldsymbol{Ax}=\boldsymbol{0}$ 有非零解，所以 $R(\boldsymbol{A})<3$，$|\boldsymbol{A}|=0$. 或由 $\boldsymbol{AP}=\boldsymbol{PB}$ 可得 $\boldsymbol{B}=\boldsymbol{P}^{-1}\boldsymbol{AP}$，两边取行列式即得 $|\boldsymbol{A}|=|\boldsymbol{B}|=0$.

15. **解** 显然原方程组的通解为

$$\begin{pmatrix} x_1 \\ x_2 \\ x_3 \\ x_4 \end{pmatrix}=k_1\begin{pmatrix} 0 \\ 1 \\ 2 \\ 3 \end{pmatrix}+k_2\begin{pmatrix} 3 \\ 2 \\ 1 \\ 0 \end{pmatrix}$$

即
$$\begin{cases} x_1=3k_2 \\ x_2=k_1+2k_2 \\ x_3=2k_1+k_2 \\ x_4=3k_1 \end{cases} \quad (k_2, k_2\in\mathbf{R})$$

消去 k_1、k_2 得 $\begin{cases} 2x_1-3x_2+x_4=0 \\ x_1-3x_3+2x_4=0 \end{cases}$ 此即所求的齐次线性方程组.

16. **解** (1) 即求 $\boldsymbol{Ax}=\boldsymbol{\zeta}_1$，$\boldsymbol{A}^2\boldsymbol{x}=\boldsymbol{\zeta}_1$ 的通解.

解 $\boldsymbol{Ax}=\boldsymbol{\zeta}_1$：

$$(\boldsymbol{A},\boldsymbol{\zeta}_1)=\begin{pmatrix}1&-1&-1&1\\-1&1&1&-1\\0&-4&-2&2\end{pmatrix}\sim\begin{pmatrix}1&-1&-1&1\\0&2&1&-1\\0&0&0&0\end{pmatrix}\sim\begin{pmatrix}1&0&-\frac{1}{2}&\frac{1}{2}\\0&1&\frac{1}{2}&-\frac{1}{2}\\0&0&0&0\end{pmatrix}$$

同解方程组为

$$\begin{cases}x_1=\dfrac{1}{2}x_3-\dfrac{1}{2}\\x_2=-\dfrac{1}{2}x_3-\dfrac{1}{2}\end{cases}$$

令 $x_3=0$ 求得特解 $\boldsymbol{\zeta}_0=\left(\frac{1}{2},-\frac{1}{2},0\right)^{\mathrm{T}}$.

$\boldsymbol{Ax}=\mathbf{0}$ 的同解方程组为 $\begin{cases}x_1=\dfrac{1}{2}x_3\\x_2=-\dfrac{1}{2}x_3\end{cases}$，故基础解系由 $\boldsymbol{\eta}=\left(\frac{1}{2},-\frac{1}{2},1\right)^{\mathrm{T}}$ 构成，于是 $\boldsymbol{\zeta}_2$ 的一般形式为 $\boldsymbol{\zeta}_0+k\boldsymbol{\eta}$，$k\in\mathbf{R}$.

再解 $\boldsymbol{A}^2\boldsymbol{x}=\boldsymbol{\zeta}_1$. 易求得 $\boldsymbol{A}^2=\begin{pmatrix}2&2&0\\-2&-2&0\\4&4&0\end{pmatrix}$，于是

$$(\boldsymbol{A}^2,\boldsymbol{\zeta}_1)=\begin{pmatrix}2&2&0&1\\-2&-2&0&-1\\4&4&0&2\end{pmatrix}\sim\begin{pmatrix}1&1&0&\frac{1}{2}\\0&0&0&0\\0&0&0&0\end{pmatrix}$$

其同解方程组为 $x_1=-x_2-\frac{1}{2}$，求出特解 $\boldsymbol{\zeta}_1=\begin{pmatrix}\frac{1}{2}\\0\\0\end{pmatrix}$. $\boldsymbol{A}^2\boldsymbol{x}=\mathbf{0}$ 的同解方程组 $x_1=-x_2$ 的基础解系为 $\boldsymbol{\eta}_1=\begin{pmatrix}-1\\1\\0\end{pmatrix}$，$\boldsymbol{\eta}_2=\begin{pmatrix}0\\0\\1\end{pmatrix}$. $\boldsymbol{\zeta}_3$ 的一般形式为 $\boldsymbol{\zeta}_1+k_1\boldsymbol{\eta}_1+k_2\boldsymbol{\eta}_2$，$k_1$，$k_2\in\mathbf{R}$.

(2) $$|\boldsymbol{\zeta}_1,\boldsymbol{\zeta}_2,\boldsymbol{\zeta}_3|=\begin{vmatrix}-1&-\frac{1}{2}+\frac{1}{2}C_1&-\frac{1}{2}-C_2\\1&\frac{1}{2}-\frac{1}{2}C_1&C_2\\-2&C_1&C_3\end{vmatrix}=\begin{vmatrix}0&0&-\frac{1}{2}\\0&\frac{1}{2}&C_2+\frac{1}{2}C_3\\-2&C_1&C_3\end{vmatrix}=-\frac{1}{2}\neq 0.$$

17. **证明** 设非齐次线性方程组为 $\boldsymbol{Ax}=\boldsymbol{b}$，由 $c_1+c_2+\cdots+c_t=1$ 可得，$c_t=1-c_1-c_2-\cdots-c_{t-1}$. 从而

$$c_1\boldsymbol{\eta}_1+c_2\boldsymbol{\eta}_2+\cdots+c_t\boldsymbol{\eta}_t=c_1\boldsymbol{\eta}_1+c_2\boldsymbol{\eta}_2+\cdots+(1-c_1-c_2-\cdots-c_{t-1})\boldsymbol{\eta}_t$$

$$=c_1(\boldsymbol{\eta}_1-\boldsymbol{\eta}_t)+c_2(\boldsymbol{\eta}_2-\boldsymbol{\eta}_t)+\cdots+c_{t-1}(\boldsymbol{\eta}_{t-1}-\boldsymbol{\eta}_t)+\boldsymbol{\eta}_t$$

令 $\boldsymbol{\xi}_i=\boldsymbol{\eta}_i-\boldsymbol{\eta}_t(i=1,2,\cdots,t-1)$，则 $\boldsymbol{\xi}_i$ 是导出组 $\boldsymbol{Ax}=\boldsymbol{0}$ 的解，令 $\boldsymbol{\xi}=c_1\boldsymbol{\xi}_1+c_2\boldsymbol{\xi}_2+\cdots+c_{i-1}\boldsymbol{\xi}_{i-1}$，即 $\boldsymbol{\xi}$ 也是导出组 $\boldsymbol{Ax}=\boldsymbol{0}$ 的解. 故 $c_1\boldsymbol{\eta}_1+c_2\boldsymbol{\eta}_2+\cdots+c_i\boldsymbol{\eta}_i=\boldsymbol{\xi}+\boldsymbol{\eta}_i$ 为非齐次线性方程组 $\boldsymbol{Ax}=\boldsymbol{b}$ 的解.

以上是从非齐次线性方程组解的结构方面证明此题，也可将解代入原方程组，看其是否成为恒等式证之：设 $\boldsymbol{\eta}_1,\boldsymbol{\eta}_2,\cdots,\boldsymbol{\eta}_i$ 为齐次线性方程组 $\boldsymbol{Ax}=\boldsymbol{b}$ 的解，则

$$\boldsymbol{A}(c_1\boldsymbol{\eta}_1+c_2\boldsymbol{\eta}_2+\cdots+c_t\boldsymbol{\eta}_t)=c_1\boldsymbol{A\eta}_1+c_2\boldsymbol{A\eta}_2+\cdots+c_t\boldsymbol{A\eta}_t=c_1\boldsymbol{b}+c_2\boldsymbol{b}+\cdots+c_t\boldsymbol{b}=\boldsymbol{b}$$

从而 $c_1\boldsymbol{\eta}_1+c_2\boldsymbol{\eta}_2+\cdots+c_t\boldsymbol{\eta}_t$ 也是 $\boldsymbol{Ax}=\boldsymbol{b}$ 的一个解.

18. (1) **证明** 设 $\boldsymbol{Ax}=\boldsymbol{b}$ 有 3 个线性无关的解 $\boldsymbol{\xi}_1,\boldsymbol{\xi}_2,\boldsymbol{\xi}_3$，则 $\boldsymbol{\xi}_1-\boldsymbol{\xi}_2$、$\boldsymbol{\xi}_1-\boldsymbol{\xi}_3$ 必是 $\boldsymbol{Ax}=\boldsymbol{0}$ 的两个线性无关的解，从而 $n-R(\boldsymbol{A})\geqslant 2$，即 $R(\boldsymbol{A})\leqslant 2$，又 $\begin{vmatrix}1&1\\4&3\end{vmatrix}\neq 0$，有 $R(\boldsymbol{A})\geqslant 2$，故 $R(\boldsymbol{A})=2$.

(2) **解** 增广矩阵 $(\boldsymbol{A},\boldsymbol{b})\sim\begin{pmatrix}1&1&1&1&-1\\0&-1&1&-5&3\\0&0&4-2a&b+4a-5&4-2a\end{pmatrix}$. 由 $R(\boldsymbol{A})=2$ 得 $a=2$，$b=-3$ 代入求之.

求解 $\boldsymbol{Ax}=\boldsymbol{b}$ 同解方程组 $\begin{cases}x_1=2-2x_3+4x_4\\x_2=-3+x_3-5x_4\end{cases}$ 得 $\boldsymbol{\eta}_0=(2,-3,0,0)^{\mathrm{T}}$. 求解导出组 $\boldsymbol{Ax}=\boldsymbol{0}$ 的同解方程组 $\begin{cases}x_1=-2x_3+4x_4\\x_2=x_3-5x_4\end{cases}$ 得 $\boldsymbol{\eta}_1=(-2,1,1,0)^{\mathrm{T}}$，$\boldsymbol{\eta}_2=(4,-5,0,1)^{\mathrm{T}}$. 故 $\boldsymbol{Ax}=\boldsymbol{b}$ 通解为 $\boldsymbol{\eta}_0+k_1\boldsymbol{\eta}_1+k_2\boldsymbol{\eta}_2(k_1,k_2\in\mathbf{R})$.

19. **解** 由题设可得坐标变换关系 $\begin{pmatrix}y_1\\y_2\\y_3\\y_4\end{pmatrix}=\boldsymbol{P}^{-1}\begin{pmatrix}x_1\\x_2\\x_3\\x_4\end{pmatrix}=\begin{pmatrix}1&0&0&0\\-1&1&0&0\\0&-1&1&0\\0&0&-1&1\end{pmatrix}\begin{pmatrix}x_1\\x_2\\x_3\\x_4\end{pmatrix}$，故

$\boldsymbol{P}^{-1}=\begin{pmatrix}1&0&0&0\\-1&1&0&0\\0&-1&1&0\\0&0&-1&1\end{pmatrix}$. 用求逆阵的方法(如利用初等变换)可求得 $\boldsymbol{P}=\begin{pmatrix}1&0&0&0\\1&1&0&0\\1&1&1&0\\1&1&1&1\end{pmatrix}$.

故基变换公式为 $(\boldsymbol{\beta}_1,\boldsymbol{\beta}_2,\boldsymbol{\beta}_3,\boldsymbol{\beta}_4)=(\boldsymbol{\alpha}_1,\boldsymbol{\alpha}_2,\boldsymbol{\alpha}_3,\boldsymbol{\alpha}_4)\begin{pmatrix}1&0&0&0\\1&1&0&0\\1&1&1&0\\1&1&1&1\end{pmatrix}$.

20. **证明** 设 $\boldsymbol{A}=(\boldsymbol{a}_1,\boldsymbol{a}_2)$，$\boldsymbol{B}=(\boldsymbol{b}_1,\boldsymbol{b}_2)$. 显然 $R(\boldsymbol{A})=R(\boldsymbol{B})=2$，又由

$$(\boldsymbol{A},\boldsymbol{B})=\begin{pmatrix}1&1&2&0\\1&0&-1&1\\0&1&3&-1\\0&1&3&-1\end{pmatrix}\overset{r}{\sim}\begin{pmatrix}1&1&2&0\\0&-1&-3&1\\0&0&0&0\\0&0&0&0\end{pmatrix}$$

知 $R(\boldsymbol{A}, \boldsymbol{B})=2$，所以 $R(\boldsymbol{A})=R(\boldsymbol{B})=R(\boldsymbol{A}, \boldsymbol{B})$，从而向量组 $\boldsymbol{a}_1$、$\boldsymbol{a}_2$ 与向量组 $\boldsymbol{b}_1$、$\boldsymbol{b}_2$ 等价，所以这两个向量组所生成的向量空间相同，即 $L_1=L_2$.

21. **证明** 由于 $|\boldsymbol{a}_1, \boldsymbol{a}_2, \boldsymbol{a}_3|=\begin{vmatrix} 1 & 2 & 3 \\ -1 & 1 & 1 \\ 0 & 3 & 2 \end{vmatrix}=-6\neq 0$，即矩阵 $(\boldsymbol{a}_1, \boldsymbol{a}_2, \boldsymbol{a}_3)$ 的秩为 3，故 $\boldsymbol{a}_1, \boldsymbol{a}_2, \boldsymbol{a}_3$ 线性无关，则为 $\mathbf{R}^3$ 的一个基. 设 $\boldsymbol{v}_1=k_1\boldsymbol{a}_1+k_2\boldsymbol{a}_2+k_3\boldsymbol{a}_3$，则

$$\begin{cases} k_1+2k_2+3k_3=5 \\ -k_1+k_2+k_3=0 \\ 3k_2+2k_3=7 \end{cases} \Rightarrow \begin{cases} k_1=2 \\ k_2=3 \\ k_3=-1 \end{cases}$$

故 $\boldsymbol{v}_1$ 可线性表示为 $\boldsymbol{v}_1=2\boldsymbol{a}_1+3\boldsymbol{a}_2-\boldsymbol{a}_3$.

设 $\boldsymbol{v}_2=\lambda_1\boldsymbol{a}_1+\lambda_2\boldsymbol{a}_2+\lambda_3\boldsymbol{a}_3$，则

$$\begin{cases} \lambda_1+2\lambda_2+3\lambda_3=-9 \\ -\lambda_1+\lambda_2+\lambda_3=-8 \\ 3\lambda_2+2\lambda_3=-13 \end{cases} \Rightarrow \begin{cases} \lambda_1=3 \\ \lambda_2=-3 \\ \lambda_3=-2 \end{cases}$$

故 $\boldsymbol{v}_2$ 可线性表示为 $\boldsymbol{v}_2=3\boldsymbol{a}_1-3\boldsymbol{a}_2-2\boldsymbol{a}_3$.

22. **证明** 若向量组 $\boldsymbol{\beta}_1$、$\boldsymbol{\beta}_2$ 中含有零向量，显然它是线性相关的，故不妨设 $\boldsymbol{\beta}_1$、$\boldsymbol{\beta}_2$ 均为非零向量.

证法 1 因 $\boldsymbol{\alpha}_i$、$\boldsymbol{\beta}_1$ 正交，故 $\boldsymbol{\alpha}_i^{\mathrm{T}}\boldsymbol{\beta}_1=(\boldsymbol{\beta}_1, \boldsymbol{\alpha}_i)=\mathbf{0}$ $(i=1, 2, \cdots, n-1)$. 写成分块矩阵的乘法，有

$$\begin{pmatrix} \boldsymbol{\alpha}_1^{\mathrm{T}} \\ \boldsymbol{\alpha}_2^{\mathrm{T}} \\ \vdots \\ \boldsymbol{\alpha}_{n-1}^{\mathrm{T}} \end{pmatrix} \boldsymbol{\beta}_1=\mathbf{0} \qquad ①$$

记矩阵 $\boldsymbol{A}=\begin{pmatrix} \boldsymbol{\alpha}_1^{\mathrm{T}} \\ \boldsymbol{\alpha}_2^{\mathrm{T}} \\ \vdots \\ \boldsymbol{\alpha}_{n-1}^{\mathrm{T}} \end{pmatrix}$，则由①式知 $\boldsymbol{\beta}_1$ 为齐次线性方程组

$$\boldsymbol{A}\boldsymbol{x}=\mathbf{0} \qquad ②$$

的非零解. 而矩阵 $\boldsymbol{A}$ 的行向量组线性无关，故 $R(\boldsymbol{A})=n-1$. 于是，其解空间的维数为 1，因而 $\boldsymbol{\beta}_1$ 是它的基础解系. 同理 $\boldsymbol{\beta}_2$ 也是方程组②的解 $\Rightarrow \boldsymbol{\beta}_2$ 可由基础解系 $\boldsymbol{\beta}_1$ 线性表出，即 $\boldsymbol{\beta}_2=k\boldsymbol{\beta}_1 \Leftrightarrow \boldsymbol{\beta}_1$、$\boldsymbol{\beta}_2$ 线性相关.

证法 2 先证向量组 $\boldsymbol{T}$：$\boldsymbol{\alpha}_1, \boldsymbol{\alpha}_2, \cdots, \boldsymbol{\alpha}_{n-1}, \boldsymbol{\beta}_1$ 线性无关. 事实上，若成立关系式

$$\lambda_1\boldsymbol{\alpha}_1+\lambda_2\boldsymbol{\alpha}_2+\cdots+\lambda_{n-1}\boldsymbol{\alpha}_{n-1}+\lambda_n\boldsymbol{\beta}_1=\mathbf{0} \qquad ③$$

用向量 $\boldsymbol{\beta}_1$ 与上式两端作内积，且由向量组 $\boldsymbol{S}$ 与其正交，可得

$$\mathbf{0}=(\boldsymbol{\beta}_1, \lambda_1\boldsymbol{\alpha}_1+\lambda_2\boldsymbol{\alpha}_2+\cdots+\lambda_{n-1}\boldsymbol{\alpha}_{n-1}+\lambda_n\boldsymbol{\beta}_1)=\lambda_n(\boldsymbol{\beta}_1, \boldsymbol{\beta}_1)$$

因 $\boldsymbol{\beta}_1\neq\mathbf{0}$，所以 $\lambda_n=0$，于是③式为

$$\lambda_1\boldsymbol{\alpha}_1+\lambda_2\boldsymbol{\alpha}_2+\cdots+\lambda_{n-1}\boldsymbol{\alpha}_{n-1}=\mathbf{0}$$

由向量组 $\boldsymbol{T}$ 的线性无关性知 $\lambda_1=\lambda_2=\cdots=\lambda_{n-1}=0$.

其次，向量组 $\boldsymbol{T}$ 添加向量 $\boldsymbol{\beta}_2$ 后，因为向量个数为 $n+1$，故它们线性相关，从而 $\boldsymbol{\beta}_2$ 可由向量组 $\boldsymbol{T}$ 线性表示为 $\boldsymbol{\beta}_2=k_0\boldsymbol{\beta}_1+k_1\boldsymbol{\alpha}_1+\cdots+k_{n-1}\boldsymbol{\alpha}_{n-1}$，可化为

$$\boldsymbol{\beta}_2-k_0\boldsymbol{\beta}_1=k_1\boldsymbol{\alpha}_1+\cdots+k_{n-1}\boldsymbol{\alpha}_{n-1}$$

先观察向量 $\boldsymbol{\gamma}=\boldsymbol{\beta}_2-k_0\boldsymbol{\beta}_1$，一方面它是 $\boldsymbol{\beta}_1$ 与 $\boldsymbol{\beta}_2$ 的线性组合，故它和向量组 $\boldsymbol{T}$ 正交；另一方面，它又可由向量组 $\boldsymbol{T}$ 线性表示，可证 $\boldsymbol{\gamma}$ 必为零向量，即 $\boldsymbol{\beta}_2-k\boldsymbol{\beta}_1=\mathbf{0}$.

事实上：

$$\begin{aligned}\|\boldsymbol{\gamma}\|^2&=[\boldsymbol{\beta}_2-k_0\boldsymbol{\beta}_1,\ \boldsymbol{\beta}_2-k_0\boldsymbol{\beta}_1]=[\boldsymbol{\beta}_2-k_0\boldsymbol{\beta}_1,\ k_1\boldsymbol{\alpha}_1+\cdots+k_{n-1}\boldsymbol{\alpha}_{n-1}]\\&=[\boldsymbol{\beta}_2,\ k_1\boldsymbol{\alpha}_1+\cdots+k_{n-1}\boldsymbol{\alpha}_{n-1}]-[k_0\boldsymbol{\beta}_1,\ k_1\boldsymbol{\alpha}_1+\cdots+k_{n-1}\boldsymbol{\alpha}_{n-1}]=0\end{aligned}$$

即 $\|\boldsymbol{\gamma}\|^2=0\Rightarrow\boldsymbol{\beta}_2-k_0\boldsymbol{\beta}_1=\mathbf{0}$.

23. **证明**

$$\begin{aligned}|\boldsymbol{A}+\boldsymbol{E}|&=|\boldsymbol{A}+\boldsymbol{A}\boldsymbol{A}^{\mathrm{T}}|=|\boldsymbol{A}(\boldsymbol{E}+\boldsymbol{A}^{\mathrm{T}})|=|\boldsymbol{A}(\boldsymbol{E}+\boldsymbol{A})^{\mathrm{T}}|\\&=|\boldsymbol{A}||(\boldsymbol{E}+\boldsymbol{A})|=-|(\boldsymbol{E}+\boldsymbol{A})|\Rightarrow2|\boldsymbol{A}+\boldsymbol{E}|=\mathbf{0}\Rightarrow|\boldsymbol{A}+\boldsymbol{E}|=\mathbf{0}\end{aligned}$$

所以 $\boldsymbol{A}+\boldsymbol{E}$ 不可逆.

24. **解** 设有一组数 λ_1，λ_2，λ_3，λ_4 使 $\lambda_1\boldsymbol{G}_{11}+\lambda_2\boldsymbol{G}_{12}+\lambda_3\boldsymbol{G}_{21}+\lambda_4\boldsymbol{G}_{22}=\boldsymbol{O}$，即

$$\lambda_1\begin{pmatrix}1&0\\0&0\end{pmatrix}+\lambda_2\begin{pmatrix}1&1\\0&0\end{pmatrix}+\lambda_3\begin{pmatrix}1&1\\1&0\end{pmatrix}+\lambda_4\begin{pmatrix}1&1\\1&1\end{pmatrix}=0$$

整理得 $\begin{cases}\lambda_1+\lambda_2+\lambda_3+\lambda_4=0\\ \lambda_2+\lambda_3+\lambda_4=0\\ \lambda_3+\lambda_4=0\\ \lambda_4=0\end{cases}$，解之得 $\lambda_1=\lambda_2=\lambda_3=\lambda_4=0$，上述方程组只有零解，故 $\boldsymbol{G}_{11}$，$\boldsymbol{G}_{12}$，$\boldsymbol{G}_{21}$，$\boldsymbol{G}_{22}$ 线性无关.

下面证明任意 2 阶矩阵可由 $\boldsymbol{G}_{11}$，$\boldsymbol{G}_{12}$，$\boldsymbol{G}_{21}$，$\boldsymbol{G}_{22}$ 线性表示.

对任一矩阵 $\boldsymbol{A}=\begin{pmatrix}a_{11}&a_{12}\\a_{21}&a_{22}\end{pmatrix}$，设有一组数 k_1，k_2，k_3，k_4，使得

$$\boldsymbol{A}=k_1\boldsymbol{G}_{11}+k_2\boldsymbol{G}_{12}+k_3\boldsymbol{G}_{21}+k_4\boldsymbol{G}_{22}$$

即

$$\begin{pmatrix}a_{11}&a_{12}\\a_{21}&a_{22}\end{pmatrix}=k_1\begin{pmatrix}1&0\\0&0\end{pmatrix}+k_2\begin{pmatrix}1&1\\0&0\end{pmatrix}+k_3\begin{pmatrix}1&1\\1&0\end{pmatrix}+k_4\begin{pmatrix}1&1\\1&1\end{pmatrix}$$

亦即 $\begin{cases}k_1+k_2+k_3+k_4=a_{11}\\ k_2+k_3+k_4=a_{12}\\ k_3+k_4=a_{21}\\ k_4=a_{22}\end{cases}$，容易得出：

$$k_4=a_{22},\ k_3=a_{21}-a_{22},\ k_2=a_{12}-a_{21},\ k_1=a_{11}-a_{12}$$

故

$$\boldsymbol{A}=(a_{11}-a_{12})\begin{pmatrix}1&0\\0&0\end{pmatrix}+(a_{11}-a_{21})\begin{pmatrix}1&1\\0&0\end{pmatrix}+(a_{21}-a_{22})\begin{pmatrix}1&1\\1&0\end{pmatrix}+a_{22}\begin{pmatrix}1&1\\1&1\end{pmatrix}$$

因此 $\boldsymbol{G}_{11}$，$\boldsymbol{G}_{12}$，$\boldsymbol{G}_{21}$，$\boldsymbol{G}_{22}$ 是 $\boldsymbol{M}_{2\times 2}$ 的一个基. 当 $\boldsymbol{A}=\begin{pmatrix}1&2\\3&4\end{pmatrix}$时，有

$$\boldsymbol{A}=-\begin{pmatrix}1&0\\0&0\end{pmatrix}-\begin{pmatrix}1&1\\0&0\end{pmatrix}-\begin{pmatrix}1&1\\1&0\end{pmatrix}+4\begin{pmatrix}1&1\\1&1\end{pmatrix}$$

第6章　二　次　型

一、选择题

1～5　ADBCA；　6～10　ACCCC.

二、填空题

1. $\begin{pmatrix}1 & 0 & 0\\ 0 & 1 & -1\\ 0 & -1 & 1\end{pmatrix}$，$y_1^2+y_2^2$，2，0，2；　　2. $-\frac{5\sqrt{6}}{3}<a<\frac{5\sqrt{6}}{3}$；　　3. $a<-1$；

4. $a=0$，$b=0$；　　5. $\boldsymbol{E}$；　　6. n；　　7. 3；　　8. $\boldsymbol{x}=\sqrt{|\boldsymbol{A}|}\boldsymbol{A}^{-1}\boldsymbol{y}$；

9. $y_1^2+y_2^2-2y_3^2$；　　10. $a<0$.

三、计算题

1. 解

(1) $\boldsymbol{A}=\begin{pmatrix}3 & 0 & 0\\ 0 & 2 & \frac{1}{2}\\ 0 & \frac{1}{2} & 1\end{pmatrix}$，$r(\boldsymbol{A})=3$.

(2) $\boldsymbol{A}=\begin{pmatrix}1 & 0 & 2 & 0\\ 0 & 2 & 3 & 1\\ 2 & 3 & 0 & 2\\ 0 & 1 & 2 & 0\end{pmatrix}$，$r(\boldsymbol{A})=4$.

(3) $\boldsymbol{A}=\begin{pmatrix}0 & \frac{1}{2} & 0 & \cdots & 0 & 0\\ \frac{1}{2} & 0 & \frac{1}{2} & \cdots & 0 & 0\\ 0 & \frac{1}{2} & 0 & \cdots & 0 & 0\\ \vdots & \vdots & \vdots & & \vdots & \vdots\\ 0 & 0 & 0 & \cdots & 0 & \frac{1}{2}\\ 0 & 0 & 0 & \cdots & \frac{1}{2} & 0\end{pmatrix}$，$r(\boldsymbol{A})=\begin{cases}n & (n\text{ 为偶数})\\ n-1 & (n\text{ 为奇数})\end{cases}$.

2. **解** (1) 二次型对应的矩阵 $\boldsymbol{A}=\begin{pmatrix}2&0&0\\0&3&2\\0&2&3\end{pmatrix}$，则

$$|\lambda\boldsymbol{E}-\boldsymbol{A}|=\begin{vmatrix}\lambda-2&0&0\\0&\lambda-3&-2\\0&-2&\lambda-3\end{vmatrix}=(\lambda-1)(\lambda-2)(\lambda-5)$$

$\boldsymbol{A}$ 的 3 个特征值为 $\lambda_1=1$，$\lambda_2=2$，$\lambda_3=5$.

由 $(\boldsymbol{E}-\boldsymbol{A})\boldsymbol{x}=\boldsymbol{0}$，求得对应 $\lambda_1=1$ 的特征向量为 $\boldsymbol{\xi}_1=\begin{pmatrix}0\\-1\\1\end{pmatrix}$；

由 $(2\boldsymbol{E}-\boldsymbol{A})\boldsymbol{x}=\boldsymbol{0}$，求得对应 $\lambda_2=2$ 的特征向量为 $\boldsymbol{\xi}_2=\begin{pmatrix}1\\0\\0\end{pmatrix}$；

由 $(5\boldsymbol{E}-\boldsymbol{A})\boldsymbol{x}=\boldsymbol{0}$，求得对应 $\lambda_3=5$ 的特征向量为 $\boldsymbol{\xi}_3=\begin{pmatrix}0\\1\\1\end{pmatrix}$.

因 $\boldsymbol{\xi}_1$，$\boldsymbol{\xi}_2$，$\boldsymbol{\xi}_3$ 是分别属于三个不同特征值的特征向量，故正交.

单位化：

$$\boldsymbol{\eta}_1=\frac{1}{\sqrt{2}}\begin{pmatrix}0\\-1\\1\end{pmatrix},\ \boldsymbol{\eta}_2=\begin{pmatrix}1\\0\\0\end{pmatrix},\ \boldsymbol{\eta}_3=\frac{1}{\sqrt{2}}\begin{pmatrix}0\\1\\1\end{pmatrix}$$

令 $\boldsymbol{Q}=(\boldsymbol{\eta}_1,\boldsymbol{\eta}_2,\boldsymbol{\eta}_3)=\begin{pmatrix}0&1&0\\-\frac{1}{\sqrt{2}}&0&\frac{1}{\sqrt{2}}\\\frac{1}{\sqrt{2}}&0&\frac{1}{\sqrt{2}}\end{pmatrix}$，有 $\boldsymbol{Q}^{-1}\boldsymbol{A}\boldsymbol{Q}=\boldsymbol{Q}^{\mathrm{T}}\boldsymbol{A}\boldsymbol{Q}=\begin{pmatrix}1&&\\&2&\\&&5\end{pmatrix}$.

标准形为 $f=y_1^2+2y_2^2+5y_3^2$.

(2) 二次型的矩阵 $\boldsymbol{A}=\begin{pmatrix}0&1&-1\\1&0&1\\-1&1&0\end{pmatrix}$，则

$$|\boldsymbol{A}-\lambda\boldsymbol{E}|=0\Rightarrow\begin{vmatrix}-\lambda&1&-1\\1&-\lambda&1\\-1&1&-\lambda\end{vmatrix}=-(1-\lambda)^2(\lambda+2)=0$$

求得 $\boldsymbol{A}$ 的特征值 $\lambda_1=\lambda_2=1$，$\lambda_3=-2$.

对于 $\lambda_1=\lambda_2=1$，求解齐次线性方程组 $(\boldsymbol{A}-\boldsymbol{E})\boldsymbol{x}=\boldsymbol{0}$，得基础解系为

$$\boldsymbol{\xi}_1=\begin{pmatrix}1\\1\\0\end{pmatrix},\quad \boldsymbol{\xi}_2=\begin{pmatrix}-1\\0\\1\end{pmatrix}$$

将 $\boldsymbol{\xi}_1$、$\boldsymbol{\xi}_2$ 正交单位化得

$$e_1=\begin{pmatrix}\frac{1}{\sqrt{2}}\\ \frac{1}{\sqrt{2}}\\ 0\end{pmatrix},\quad e_2=\begin{pmatrix}\frac{1}{\sqrt{6}}\\ -\frac{1}{\sqrt{6}}\\ \frac{-2}{\sqrt{6}}\end{pmatrix}$$

对于 $\lambda_3=-2$，求解方程组 $(\boldsymbol{A}+2\boldsymbol{E})\boldsymbol{x}=\boldsymbol{0}$，得基础解系为 $\boldsymbol{\xi}_3=\begin{pmatrix}1\\-1\\1\end{pmatrix}$，将 $\boldsymbol{\xi}_3$ 单位化得

$$e_3=\begin{pmatrix}\frac{1}{\sqrt{3}}\\ -\frac{1}{\sqrt{3}}\\ \frac{1}{\sqrt{3}}\end{pmatrix}$$，于是

$$\boldsymbol{Q}=(\boldsymbol{e}_1,\ \boldsymbol{e}_2,\ \boldsymbol{e}_3)=\begin{pmatrix}\frac{1}{\sqrt{2}} & \frac{1}{\sqrt{6}} & \frac{1}{\sqrt{3}}\\ \frac{1}{\sqrt{2}} & \frac{-1}{\sqrt{6}} & \frac{-1}{\sqrt{3}}\\ 0 & \frac{-2}{\sqrt{6}} & \frac{1}{\sqrt{3}}\end{pmatrix}$$

即为所求的正交变换矩阵，且标准形为 $f=y_1^2+y_2^2-2y_3^2$.

(3) 二次型对应的矩阵 $\boldsymbol{A}=\begin{pmatrix}1 & 1 & 0 & -1\\ 1 & 1 & -1 & 0\\ 0 & -1 & 1 & -1\\ -1 & 0 & -1 & 1\end{pmatrix}$，则

$$|\lambda\boldsymbol{E}-\boldsymbol{A}|=\begin{vmatrix}\lambda-1 & -1 & 0 & 1\\ -1 & \lambda-1 & 1 & 0\\ 0 & 1 & \lambda-1 & 1\\ 1 & 0 & 1 & \lambda-1\end{vmatrix}$$

$$=\begin{vmatrix}0 & -1 & -(\lambda-1) & 1-(\lambda-1)^2\\ 0 & \lambda-1 & 2 & \lambda-1\\ 0 & 1 & \lambda-1 & 1\\ 1 & 0 & 1 & \lambda-1\end{vmatrix}$$

$$=-(\lambda^2-2\lambda-1)^2$$

得 $\lambda_{1,2}=1+\sqrt{2}$，$\lambda_{3,4}=1-\sqrt{2}$.

由 $[(1+\sqrt{2})\boldsymbol{E}-\boldsymbol{A}]\boldsymbol{x}=\boldsymbol{0}$，求得对应 $1+\sqrt{2}$ 的特征向量为 $\boldsymbol{\xi}_1=\begin{pmatrix}-1\\-\sqrt{2}\\1\\0\end{pmatrix}$，$\boldsymbol{\xi}_2=\begin{pmatrix}-\sqrt{2}\\-1\\0\\1\end{pmatrix}$，

正交化后，得 $\boldsymbol{\eta}_1=\begin{pmatrix}-1\\-\sqrt{2}\\1\\0\end{pmatrix}$，$\boldsymbol{\eta}_2=\begin{pmatrix}-\frac{\sqrt{2}}{2}\\0\\-\frac{\sqrt{2}}{2}\\1\end{pmatrix}$，再单位化，得 $\boldsymbol{p}_1=\frac{1}{2}\begin{pmatrix}-1\\-\sqrt{2}\\1\\0\end{pmatrix}$，$\boldsymbol{p}_2=\frac{1}{2}\begin{pmatrix}-1\\0\\-1\\\sqrt{2}\end{pmatrix}$.

由 $[(1-\sqrt{2})\boldsymbol{E}-\boldsymbol{A}]\boldsymbol{x}=\boldsymbol{0}$，求得对应 $1-\sqrt{2}$ 的特征向量为 $\boldsymbol{\xi}_3=\begin{pmatrix}-1\\\sqrt{2}\\1\\0\end{pmatrix}$，$\boldsymbol{\xi}_4=\begin{pmatrix}\sqrt{2}\\-1\\0\\1\end{pmatrix}$，

单位化，得 $\boldsymbol{p}_3=\frac{1}{2}\begin{pmatrix}-1\\\sqrt{2}\\1\\0\end{pmatrix}$，$\boldsymbol{p}_4=\frac{1}{2}\begin{pmatrix}\sqrt{2}\\-1\\0\\1\end{pmatrix}$.

令 $\boldsymbol{Q}=(\boldsymbol{p}_1,\boldsymbol{p}_2,\boldsymbol{p}_3,\boldsymbol{p}_4)=\frac{1}{2}\begin{pmatrix}-1&-1&-1&\sqrt{2}\\-\sqrt{2}&0&\sqrt{2}&-1\\1&-1&1&0\\0&\sqrt{2}&0&1\end{pmatrix}$，则

$$\boldsymbol{Q}^{-1}\boldsymbol{A}\boldsymbol{Q}=\boldsymbol{Q}^{\mathrm{T}}\boldsymbol{A}\boldsymbol{Q}=\begin{pmatrix}1+\sqrt{2}&&&\\&1+\sqrt{2}&&\\&&1-\sqrt{2}&\\&&&1-\sqrt{2}\end{pmatrix}$$

标准形为 $f=(1+\sqrt{2})(y_1^2+y_2^2)+(1-\sqrt{2})(y_3^2+y_4^2)$.

3. **解** (1) $f(x)=x_1^2+x_2^2+x_3^2-2x_1x_3=(x_1-x_3)^2+x_2^2$，令 $\begin{cases}y_1=x_1-x_3\\y_2=x_2\\y_3=x_3\end{cases}$，即有变换 $\begin{cases}x_1=y_1+y_3\\x_2=y_2\\x_3=y_3\end{cases}$，$\begin{pmatrix}x_1\\x_2\\x_3\end{pmatrix}=\begin{pmatrix}1&0&1\\0&1&0\\0&0&1\end{pmatrix}\begin{pmatrix}y_1\\y_2\\y_3\end{pmatrix}$.

把二次型 $f(x)=x_1^2+x_2^2+x_3^2-2x_1x_3$ 化为标准形 $f(x)=y_1^2+y_2^2$.

对应变换矩阵 $\boldsymbol{P}=\begin{pmatrix}1&0&1\\0&1&0\\0&0&1\end{pmatrix}$.

(2) $f(x_1, x_2, x_3)=x_1^2+4x_1x_2-3x_2x_3$

$$\begin{aligned}&=(x_1+2x_2)^2-4x_2^2-3x_2x_3\\&=(x_1+2x_2)^2-4\left(x_2^2+\frac{3}{4}x_2x_3\right)\\&=(x_1+2x_2)^2-4\left(x_2+\frac{3}{2}x_3\right)^2+9x_3^2\end{aligned}$$

令$\begin{cases}y_1=x_1+2x_2\\y_2=x_2+\dfrac{3}{2}x_3\\y_3=x_3\end{cases}$，则$\begin{cases}x_1=y_1-2y_2+3y_3\\x_2=y_2-\dfrac{3}{2}y_3\\x_3=y_3\end{cases}$，二次型 $f(x_1, x_2, x_3)=x_1^2+4x_1x_2-3x_2x_3$

化为标准形 $f(x_1, x_2, x_3)=y_1^2-4y_2^2+9y_3^2$，所用的坐标变换为 $\boldsymbol{x}=\boldsymbol{C}\boldsymbol{y}$，其中

$$\boldsymbol{C}=\begin{pmatrix}1&-2&3\\0&1&-\dfrac{3}{2}\\0&0&1\end{pmatrix}$$

(3) 因为二次型中没有平方项，无法配方，所以先做一个坐标变换，使其出现平方项.

根据 x_1x_2 利用平方差公式，令$\begin{cases}x_1=y_1+y_2\\x_2=y_1-y_2\\x_3=y_3\end{cases}$，则

$$\begin{aligned}f(x_1, x_2, x_3)=x_1x_2+x_1x_3-3x_2x_3&=y_1^2-y_2^2+(y_1+y_2)y_3-3(y_1-y_2)y_3\\&=y_1^2-y_2^2+y_1y_3+y_2y_3-3y_1y_3+3y_2y_3\\&=y_1^2-2y_1y_3-y_2^2+4y_2y_3\\&=(y_1-y_3)^2-y_3^2-y_2^2+4y_2y_3\\&=(y_1-y_3)^2-(y_2-2y_3)^2+3y_3^2\end{aligned}$$

令$\begin{cases}z_1=y_1-y_3\\z_2=y_2-2y_3\\z_3=y_3\end{cases}$，则$\begin{cases}y_1=z_1+z_3\\y_2=z_2+2z_3\\y_3=z_3\end{cases}$，二次型 $f(x_1, x_2, x_3)=x_1x_2+x_1x_3-3x_2x_3$化为标准形 $f(x_1, x_2, x_3)=z_1^2-z_2^2+3z_3^2$，所用的变换为 $\boldsymbol{x}=\boldsymbol{C}_1\boldsymbol{y}$ 和 $\boldsymbol{y}=\boldsymbol{C}_2\boldsymbol{z}$，即 $\boldsymbol{x}=\boldsymbol{C}\boldsymbol{z}$，其中

$$\boldsymbol{C}_1=\begin{pmatrix}1&1&0\\1&-1&0\\0&0&1\end{pmatrix},\ \boldsymbol{C}_2=\begin{pmatrix}1&0&1\\0&1&2\\0&0&1\end{pmatrix},\ \boldsymbol{C}=\boldsymbol{C}_1\boldsymbol{C}_2=\begin{pmatrix}1&1&3\\1&-1&-1\\0&0&1\end{pmatrix}$$

4. **解** (1) 二次型的矩阵是$\boldsymbol{A}=\begin{pmatrix}0&\dfrac{1}{2}&\dfrac{1}{2}\\\dfrac{1}{2}&0&\dfrac{1}{2}\\\dfrac{1}{2}&\dfrac{1}{2}&0\end{pmatrix}$，则初等变换可以写成

$$\begin{pmatrix} \boldsymbol{A} \\ \vdots \\ \boldsymbol{E} \end{pmatrix} = \begin{pmatrix} 0 & \frac{1}{2} & \frac{1}{2} \\ \frac{1}{2} & 0 & \frac{1}{2} \\ \frac{1}{2} & \frac{1}{2} & 0 \\ \vdots & \vdots & \vdots \\ 1 & 0 & 0 \\ 0 & 1 & 0 \\ 0 & 0 & 1 \end{pmatrix} \xrightarrow[c_1+c_2]{r_1+r_2} \begin{pmatrix} 1 & \frac{1}{2} & 1 \\ \frac{1}{2} & 0 & \frac{1}{2} \\ 1 & \frac{1}{2} & 0 \\ \vdots & \vdots & \vdots \\ 1 & 0 & 0 \\ 1 & 1 & 0 \\ 0 & 0 & 1 \end{pmatrix} \xrightarrow[c_2-\frac{1}{2}c_1]{r_2-\frac{1}{2}r_1} \begin{pmatrix} 1 & 0 & 1 \\ 0 & -\frac{1}{4} & 0 \\ 1 & 0 & 0 \\ \vdots & \vdots & \vdots \\ 1 & -\frac{1}{2} & 0 \\ 1 & \frac{1}{2} & 0 \\ 0 & 0 & 1 \end{pmatrix} \xrightarrow[c_3-c_1]{r_3-r_1} \begin{pmatrix} 1 & 0 & 0 \\ 0 & -\frac{1}{4} & 0 \\ 0 & 0 & -1 \\ \vdots & \vdots & \vdots \\ 1 & -\frac{1}{2} & -1 \\ 1 & \frac{1}{2} & -1 \\ 0 & 0 & 1 \end{pmatrix}$$

$$= \begin{pmatrix} \boldsymbol{\Lambda} \\ \vdots \\ \boldsymbol{C} \end{pmatrix}$$

于是，做坐标变换 $\boldsymbol{x} = \boldsymbol{C}\boldsymbol{y}$，其中 $\boldsymbol{C} = \begin{pmatrix} 1 & -\frac{1}{2} & -1 \\ 1 & \frac{1}{2} & -1 \\ 0 & 0 & 1 \end{pmatrix}$，则二次型 $f(x_1, x_2, x_3)$ 化为标准

形 $f(x_1, x_2, x_3) = \boldsymbol{y}^{\mathrm{T}}\boldsymbol{\Lambda}\boldsymbol{y} = y_1^2 - \frac{1}{4}y_2^2 - y_3^2$.

(2) $f(x_1, x_2, x_3) = 2x_1x_2 - 6x_2x_3 + 2x_1x_3$.

二次型的矩阵 $\boldsymbol{A} = \begin{pmatrix} 0 & 1 & 1 \\ 1 & 0 & -3 \\ 1 & -3 & 0 \end{pmatrix}$.

对矩阵 $\begin{pmatrix} \boldsymbol{A} \\ \vdots \\ \boldsymbol{E} \end{pmatrix}$ 做同类型的行与列的初等变换:

$$\begin{pmatrix} 0 & 1 & 1 \\ 1 & 0 & -3 \\ 1 & -3 & 0 \\ 1 & 0 & 0 \\ 0 & 1 & 0 \\ 0 & 0 & 1 \end{pmatrix} \xrightarrow{c_1+\frac{1}{2}c_2} \begin{pmatrix} \frac{1}{2} & 1 & 1 \\ 1 & 0 & -3 \\ -\frac{1}{2} & -3 & 0 \\ 1 & 0 & 0 \\ \frac{1}{2} & 1 & 0 \\ 0 & 0 & 1 \end{pmatrix} \xrightarrow{r_1+\frac{1}{2}r_2} \begin{pmatrix} 1 & 1 & -\frac{1}{2} \\ 1 & 0 & -3 \\ -\frac{1}{2} & -3 & 0 \\ 1 & 0 & 0 \\ \frac{1}{2} & 1 & 0 \\ 0 & 0 & 1 \end{pmatrix}$$

$$\xrightarrow[c_3+\frac{1}{2}c_1]{c_2-c_1}\begin{pmatrix}1&0&0\\1&-1&-\frac{5}{2}\\-\frac{1}{2}&-\frac{5}{2}&-\frac{1}{4}\\1&-1&\frac{1}{2}\\\frac{1}{2}&\frac{1}{2}&\frac{1}{4}\\0&0&1\end{pmatrix}\xrightarrow[r_3+\frac{1}{2}r_1]{r_2-r_1}\begin{pmatrix}1&0&0\\0&-1&-\frac{5}{2}\\0&-\frac{5}{2}&-\frac{1}{4}\\1&-1&\frac{1}{2}\\\frac{1}{2}&\frac{1}{2}&\frac{1}{4}\\0&0&1\end{pmatrix}$$

$$\xrightarrow{c_3-\frac{5}{2}c_2}\begin{pmatrix}1&0&0\\0&-1&0\\0&-\frac{5}{2}&6\\1&-1&3\\\frac{1}{2}&\frac{1}{2}&-1\\0&0&1\end{pmatrix}\xrightarrow{r_3-\frac{5}{2}r_2}\begin{pmatrix}1&0&0\\0&-1&0\\0&0&6\\1&-1&3\\\frac{1}{2}&\frac{1}{2}&-1\\0&0&1\end{pmatrix}$$

所以 $\boldsymbol{C}=\begin{pmatrix}1&-1&3\\\frac{1}{2}&\frac{1}{2}&-1\\0&0&1\end{pmatrix}$.

非退化线性替换 $\boldsymbol{X}=\boldsymbol{CY}$ 将二次型化为标准形 $y_1^2-y_2^2+6y_3^2$.

(3) $f(x_1, x_2, x_3)=x_1^2-2x_2^2+x_3^2+2x_1x_2+4x_1x_3+2x_2x_3$.

二次型的矩阵 $\boldsymbol{A}=\begin{pmatrix}1&1&2\\1&-2&1\\2&1&1\end{pmatrix}$，则初等变换可以写成

$$\begin{pmatrix}\boldsymbol{A}\\\vdots\\\boldsymbol{E}\end{pmatrix}=\begin{pmatrix}1&1&2\\1&-2&1\\2&1&1\\\vdots&\vdots&\vdots\\1&0&0\\0&1&0\\0&0&1\end{pmatrix}\xrightarrow[c_2-c_1]{r_2-r_1}\begin{pmatrix}1&0&2\\0&-3&-1\\2&1&1\\\vdots&\vdots&\vdots\\1&-1&0\\0&1&0\\0&0&1\end{pmatrix}\xrightarrow[c_3-2c_1]{r_3-2r_1}\begin{pmatrix}1&0&0\\0&-3&-1\\0&-1&-3\\\vdots&\vdots&\vdots\\1&-1&-2\\0&1&0\\0&0&1\end{pmatrix}\xrightarrow[c_3-\frac{1}{3}c_2]{r_3-\frac{1}{3}r_2}\begin{pmatrix}1&0&0\\0&-3&0\\0&0&-\frac{8}{3}\\\vdots&\vdots&\vdots\\1&-1&-\frac{5}{3}\\0&1&-\frac{1}{3}\\0&0&1\end{pmatrix}$$

$$=\begin{pmatrix}\boldsymbol{\Lambda}\\\vdots\\\boldsymbol{C}\end{pmatrix}.$$

于是，做坐标变换 $x=Cy$，其中 $C=\begin{pmatrix}1 & -1 & -\frac{5}{3}\\ 0 & 1 & -\frac{1}{3}\\ 0 & 0 & 1\end{pmatrix}$，则二次型 $f(x_1, x_2, x_3)$ 化为标准形 $f(x_1, x_2, x_3)=\boldsymbol{y}^{\mathrm{T}}\boldsymbol{\Lambda}\boldsymbol{y}=y_1^2-3y_2^2-\frac{8}{3}y_3^2$.

5. **解** 因为 $\boldsymbol{A}=\begin{pmatrix}1 & 0 & 1\\ 0 & 1 & 1\\ -1 & 0 & a\\ 0 & a & -1\end{pmatrix}$，存在二阶子式不为 0，令 $\begin{vmatrix}1 & 0 & 1\\ 0 & 1 & 1\\ -1 & 0 & a\end{vmatrix}=a+1=0$，得 $a=-1$.

$$\boldsymbol{B}=\boldsymbol{A}^{\mathrm{T}}\boldsymbol{A}=\begin{pmatrix}1 & 0 & -1 & 0\\ 0 & 1 & 0 & -1\\ 1 & 1 & -1 & -1\end{pmatrix}\begin{pmatrix}1 & 0 & 1\\ 0 & 1 & 1\\ -1 & 0 & -1\\ 0 & -1 & -1\end{pmatrix}=\begin{pmatrix}2 & 0 & 2\\ 0 & 2 & 2\\ 2 & 2 & 4\end{pmatrix}$$

特征多项式为 $|\boldsymbol{B}-\lambda\boldsymbol{E}|=\begin{vmatrix}2-\lambda & 0 & 2\\ 0 & 2-\lambda & 2\\ 2 & 2 & 4-\lambda\end{vmatrix}=(2-\lambda)(2-\lambda)(4-\lambda)-8(2-\lambda)$

$$=(2-\lambda)(\lambda^2-6\lambda)=\lambda(2-\lambda)(\lambda-6)$$

特征根为 $\lambda=0, 2, 6$.

$\lambda_1=2$ 时，有

$$\begin{pmatrix}0 & 0 & 2\\ 0 & 0 & 2\\ 2 & 2 & 2\end{pmatrix}\to\begin{pmatrix}1 & 1 & 1\\ 0 & 0 & 1\\ 0 & 0 & 0\end{pmatrix}\to\begin{pmatrix}1 & 1 & 0\\ 0 & 0 & 1\\ 0 & 0 & 0\end{pmatrix}$$

$$\boldsymbol{\eta}_1=(-1, 1, 0)^{\mathrm{T}},\ \boldsymbol{\alpha}_1=\left(-\frac{1}{\sqrt{2}}, \frac{1}{\sqrt{2}}, 0\right)^{\mathrm{T}}$$

$\lambda_2=6$ 时，有

$$\begin{pmatrix}-4 & 0 & 2\\ 0 & -4 & 2\\ 2 & 2 & -2\end{pmatrix}\to\begin{pmatrix}1 & 1 & -1\\ 0 & 1 & -\frac{1}{2}\\ 0 & 0 & 0\end{pmatrix}\to\begin{pmatrix}1 & 0 & -\frac{1}{2}\\ 0 & 1 & -\frac{1}{2}\\ 0 & 0 & 0\end{pmatrix}$$

$$\boldsymbol{\eta}_2=(1, 1, 2)^{\mathrm{T}},\ \boldsymbol{\alpha}_2=\left(\frac{1}{\sqrt{6}}, \frac{1}{\sqrt{6}}, \frac{2}{\sqrt{6}}\right)$$

$\lambda_3=0$ 时，有

$$\begin{pmatrix}2 & 0 & 2\\ 0 & 2 & 2\\ 2 & 2 & 4\end{pmatrix}\to\begin{pmatrix}1 & 0 & 1\\ 0 & 1 & 1\\ 0 & 0 & 0\end{pmatrix}$$

$$\boldsymbol{\eta}_3=(-1, -1, 1)^{\mathrm{T}},\ \boldsymbol{\alpha}_3=\left(-\frac{1}{\sqrt{3}}, -\frac{1}{\sqrt{3}}, \frac{1}{\sqrt{3}}\right)^{\mathrm{T}}$$

因此

$$Q=\begin{pmatrix}-\frac{1}{\sqrt{2}} & \frac{1}{\sqrt{6}} & -\frac{1}{\sqrt{3}} \\ -\frac{1}{\sqrt{2}} & \frac{1}{\sqrt{6}} & -\frac{1}{\sqrt{3}} \\ 0 & \frac{2}{\sqrt{6}} & \frac{1}{\sqrt{3}}\end{pmatrix},\ X=QY$$

$$f=2y_1^2+6y_2^2$$

6. **解** 由 $f(x)=x^{\mathrm{T}}Ax=ax_1^2+2x_2^2-2x_3^2+2bx_1x_3(b>0)$ 得 $A=\begin{pmatrix}a & 0 & b \\ 0 & 2 & 0 \\ b & 0 & -2\end{pmatrix}$，

$\mathrm{tr}(A)=a=1$，则

$$|A|=\begin{vmatrix}a & 0 & b \\ 0 & 2 & 0 \\ b & 0 & -2\end{vmatrix}=2(-2-b^2)=-12$$

得 $b^2=4$，$b=2$，则

$$A=\begin{pmatrix}1 & 0 & 2 \\ 0 & 2 & 0 \\ 2 & 0 & -2\end{pmatrix}$$

$$|\lambda E-A|=\begin{vmatrix}\lambda-1 & 0 & -2 \\ 0 & \lambda-2 & 0 \\ -2 & 0 & \lambda+2\end{vmatrix}=(\lambda-2)[\lambda^2+\lambda-6]=(\lambda-2)^2(\lambda+3)$$

因此得 $\lambda_1=2$(2 重)，$\lambda_2=-3$.

当 $\lambda_1=2$ 时：

$$\begin{pmatrix}1 & 0 & -2 \\ 0 & 0 & 0 \\ -2 & 0 & 4\end{pmatrix}\to\begin{pmatrix}1 & 0 & -2 \\ 0 & 0 & 0 \\ 0 & 0 & 0\end{pmatrix}$$

$$\eta_1=(0,1,0)^{\mathrm{T}},\ \eta_2=(2,0,1)^{\mathrm{T}}$$

$$\xi_1=(0,1,0)^{\mathrm{T}}$$

$$\xi_2=\left(\frac{2}{\sqrt{5}},0,\frac{1}{\sqrt{5}}\right)^{\mathrm{T}}$$

当 $\lambda_2=-3$ 时：

$$\begin{pmatrix}-4 & 0 & -2 \\ 0 & -5 & 0 \\ -2 & 0 & -1\end{pmatrix}\to\begin{pmatrix}2 & 0 & 1 \\ 0 & 1 & 0 \\ 0 & 0 & 0\end{pmatrix}$$

$$\eta_3=(-1,0,2)^{\mathrm{T}}$$

$$\xi_3=\left(-\frac{1}{\sqrt{5}},0,\frac{2}{\sqrt{5}}\right)^{\mathrm{T}}$$

因此

$$Q=\begin{pmatrix}0 & \frac{2}{\sqrt{5}} & -\frac{1}{\sqrt{5}} \\ 1 & 0 & 0 \\ 0 & \frac{1}{\sqrt{5}} & \frac{2}{\sqrt{5}}\end{pmatrix}$$

$$f=2y_1^2+2y_2^2-3y_2^2$$

7. **解** 二次曲面的二次型矩阵为 $\boldsymbol{A}=\begin{pmatrix}1 & b & 1\\ b & a & 1\\ 1 & 1 & 1\end{pmatrix}$，由题意知，0、1、4 为 $\boldsymbol{A}$ 的特征值，即

$$|\lambda\boldsymbol{E}-\boldsymbol{A}|=\begin{vmatrix}\lambda-1 & -b & -1\\ -b & \lambda-a & -1\\ -1 & -1 & \lambda-1\end{vmatrix}=(\lambda-1)^2(\lambda-a)-b^2(\lambda-1)-2\lambda+a+1-2b$$
$$=\lambda(\lambda-1)(\lambda-4)$$

解得 $a=3$，$b=1$. 这样对应于特征值为 $\lambda=0$，1，4 的特征向量分别为

$$\boldsymbol{\alpha}_1=\begin{pmatrix}-1\\0\\1\end{pmatrix},\ \boldsymbol{\alpha}_2=\begin{pmatrix}1\\-1\\1\end{pmatrix},\ \boldsymbol{\alpha}_3=\begin{pmatrix}1\\2\\1\end{pmatrix}$$

显然它们是正交的，单位化得

$$\boldsymbol{\beta}_1=\frac{1}{\sqrt{2}}\boldsymbol{\alpha}_1,\ \boldsymbol{\beta}_2=\frac{1}{\sqrt{3}}\boldsymbol{\alpha}_2,\ \boldsymbol{\beta}_3=\frac{1}{\sqrt{6}}\boldsymbol{\alpha}_3$$

从而得正交矩阵：

$$\boldsymbol{P}=\begin{pmatrix}-\frac{1}{\sqrt{2}} & \frac{1}{\sqrt{3}} & \frac{1}{\sqrt{6}}\\ 0 & -\frac{1}{\sqrt{3}} & \frac{2}{\sqrt{6}}\\ \frac{1}{\sqrt{2}} & \frac{1}{\sqrt{3}} & \frac{1}{\sqrt{6}}\end{pmatrix}$$

8. **解** 设 $\boldsymbol{\alpha}\neq\boldsymbol{0}$ 为矩阵 $\boldsymbol{A}$ 属于特征值 λ 的特征向量，即 $\boldsymbol{A\alpha}=\lambda\boldsymbol{\alpha}$.

又由 $\boldsymbol{A}^2-2\boldsymbol{A}=\boldsymbol{O}$ 得 $(\lambda^2-2\lambda)\boldsymbol{\alpha}=\boldsymbol{0}$，从而矩阵 $\boldsymbol{A}$ 的特征值为 0 或 2.

又因 $\boldsymbol{\alpha}_1=(0,1,1)^{\mathrm{T}}$ 为齐次线性方程组 $\boldsymbol{Ax}=\boldsymbol{0}$ 的基础解系，所以 $r(\boldsymbol{A})=2$，且 $\boldsymbol{A\alpha}_1=\boldsymbol{0}=0\boldsymbol{\alpha}_1$，所以 $\boldsymbol{\alpha}_1=(0,1,1)^{\mathrm{T}}$ 矩阵 $\boldsymbol{A}$ 属于特征值 0 的特征向量，2 为二重特征值，设 $\boldsymbol{\alpha}=(x_1,x_2,x_3)^{\mathrm{T}}$ 属于特征值 2 的特征向量，则与 $\boldsymbol{\alpha}_1$ 正交，即 $x_2+x_3=0$，解得 $\boldsymbol{\alpha}_2=(0,-1,1)^{\mathrm{T}}$，$\boldsymbol{\alpha}_3=(1,0,0)^{\mathrm{T}}$.

令 $\boldsymbol{P}=(\boldsymbol{\alpha}_1,\boldsymbol{\alpha}_2,\boldsymbol{\alpha}_3)$，则 $\boldsymbol{P}^{-1}\boldsymbol{AP}=\mathrm{diag}(0,2,2)$，所以

$$\boldsymbol{A}=\boldsymbol{P}\mathrm{diag}(0,2,2)\boldsymbol{P}^{-1}$$

$$\boldsymbol{A}=\begin{pmatrix}0 & 1 & 0\\ 1 & 0 & -1\\ 1 & 0 & 1\end{pmatrix}\begin{pmatrix}0 & 0 & 0\\ 0 & 2 & 0\\ 0 & 0 & 2\end{pmatrix}\begin{pmatrix}0 & 1 & 0\\ 1 & 0 & -1\\ 1 & 0 & 1\end{pmatrix}^{-1}=\begin{pmatrix}2 & 0 & 0\\ 0 & 1 & -1\\ 0 & -1 & 1\end{pmatrix}$$

故 $f(x_1,x_2,x_3)=2x_1^2+x_2^2+x_3^2-2x_2x_3$.

9. **解** (1) 二次型矩阵为 $\begin{pmatrix}3 & 2 & 0\\ 2 & 4 & -2\\ 0 & -2 & 5\end{pmatrix}$，又 $3>0$，$\begin{vmatrix}3 & 2\\ 2 & 4\end{vmatrix}=8>0$，

$$\begin{vmatrix}3 & 2 & 0\\2 & 4 & -2\\0 & -2 & 5\end{vmatrix}=28>0$$，所以二次型正定.

(2) 二次型矩阵为 $\begin{pmatrix}-5 & 2 & 2\\2 & -6 & 0\\2 & 0 & -4\end{pmatrix}$，又 $-5<0$，$\begin{vmatrix}-5 & 2\\2 & -6\end{vmatrix}=26>0$，

$$\begin{vmatrix}-5 & 2 & 2\\2 & -6 & 0\\2 & 0 & -4\end{vmatrix}=-80<0$$，所以二次型负定.

(3) 取 $\boldsymbol{\alpha}_1=(1,1,0)^{\mathrm{T}}$，则 $f(\boldsymbol{\alpha}_1)=2>0$；又取 $\boldsymbol{\alpha}_2=(0,1,1)^{\mathrm{T}}$，则 $f(\boldsymbol{\alpha}_2)=-6<0$，所以二次型既不正定，也不负定.

10. **解** (1) 二次型对应的矩阵为 $\begin{pmatrix}2 & 1 & 0\\1 & 1 & \frac{t}{2}\\0 & \frac{t}{2} & 1\end{pmatrix}$，又 $2>0$，$\begin{vmatrix}2 & 1\\1 & 1\end{vmatrix}=1>0$，$\begin{vmatrix}2 & 1 & 0\\1 & 1 & \frac{t}{2}\\0 & \frac{t}{2} & 1\end{vmatrix}=1-\frac{1}{2}t^2$，所以当 $1-\frac{1}{2}t^2>0$，即 $-\sqrt{2}<t<\sqrt{2}$ 时二次型正定.

(2) 二次型对应的矩阵为 $\begin{pmatrix}1 & t & 5\\t & 4 & 3\\5 & 3 & 1\end{pmatrix}$，又 $1>0$，$\begin{vmatrix}1 & t\\t & 4\end{vmatrix}=4-t^2$，$\begin{vmatrix}1 & t & 5\\t & 4 & 3\\5 & 3 & 1\end{vmatrix}=-t^2+30t-105$. 因为 $\begin{cases}4-t^2>0\\t^2-30t+105<0\end{cases}$ 无解，即无论 t 为何值二次型均不正定.

四、证明题

1. **证明** 因为 $\boldsymbol{A}$ 是正定矩阵，所以存在可逆实矩阵 $\boldsymbol{B}$，使得 $\boldsymbol{A}=\boldsymbol{B}^{\mathrm{T}}\boldsymbol{B}$. 故

$$\boldsymbol{A}^{-1}=\boldsymbol{B}^{-1}(\boldsymbol{B}^{\mathrm{T}})^{-1}=[(\boldsymbol{B}^{\mathrm{T}})^{-1}]^{\mathrm{T}}[(\boldsymbol{B}^{\mathrm{T}})^{-1}]$$

即 $\boldsymbol{A}^{-1}$ 是正定矩阵.

因为 $\boldsymbol{A}$ 是正定矩阵，所以 $|\boldsymbol{A}|>0$，又 $\boldsymbol{A}\boldsymbol{A}^*=\boldsymbol{A}^*\boldsymbol{A}=|\boldsymbol{A}|\boldsymbol{E}$，知 $\boldsymbol{A}^*=|\boldsymbol{A}|\boldsymbol{A}^{-1}$ 正定.

2. **证明** 记 $\boldsymbol{A}=(a_{ij})_{n\times n}$，取 $\boldsymbol{x}_0=\boldsymbol{\varepsilon}_i$（表示第 i 个分量为 1，其余分量为 0 的 n 维列向量），由 $\boldsymbol{x}_0^{\mathrm{T}}\boldsymbol{A}\boldsymbol{x}_0=\boldsymbol{0}$，得 $a_{ii}=0$；取 $\boldsymbol{x}_0=\boldsymbol{\varepsilon}_{ij}$（表示第 i、第 j 两个分量为 1，其余分量为 0 的 n 维列向量），由 $\boldsymbol{x}_0^{\mathrm{T}}\boldsymbol{A}\boldsymbol{x}_0=\boldsymbol{0}$，则有 $2a_{ij}=0$，故 $\boldsymbol{A}=\boldsymbol{0}$.

3. **证明** $\boldsymbol{A}$、$\boldsymbol{B}$ 是 n 阶正定矩阵，对任意 n 维实的列向量 $\boldsymbol{x}\neq\boldsymbol{0}$，$\boldsymbol{x}^{\mathrm{T}}\boldsymbol{A}\boldsymbol{x}>0$，$\boldsymbol{x}^{\mathrm{T}}\boldsymbol{B}\boldsymbol{x}>0$. 从而 $\boldsymbol{x}^{\mathrm{T}}(k\boldsymbol{A}+l\boldsymbol{B})\boldsymbol{x}=k(\boldsymbol{x}^{\mathrm{T}}\boldsymbol{A}\boldsymbol{x})+l(\boldsymbol{x}^{\mathrm{T}}\boldsymbol{B}\boldsymbol{x})>0$，即 $k\boldsymbol{A}+l\boldsymbol{B}$ 为正定矩阵.

4. **证明** 取 $\boldsymbol{M}=\max\limits_{1\leqslant j\leqslant n}\sum\limits_{i=1}^{n}|a_{ij}|$，则当 $t>\boldsymbol{M}$ 时，$\boldsymbol{x}^{\mathrm{T}}(t\boldsymbol{E}+\boldsymbol{A})\boldsymbol{x}>\boldsymbol{0}$，所以 $t\boldsymbol{E}+\boldsymbol{A}$ 是正定矩阵.

5. **证明** 因为 $\boldsymbol{A}$ 的特征值小于 a，所以 $a\boldsymbol{E}-\boldsymbol{A}$ 的特征值全大于零，即 $a\boldsymbol{E}-\boldsymbol{A}$ 为正定矩阵；同理可得 $b\boldsymbol{E}-\boldsymbol{B}$ 为正定矩阵，故对任意实 n 维列向量 $\boldsymbol{x}\neq\boldsymbol{0}$，有 $\boldsymbol{x}^{\mathrm{T}}\boldsymbol{A}\boldsymbol{x}<a\boldsymbol{x}^{\mathrm{T}}\boldsymbol{x}$，$\boldsymbol{x}^{\mathrm{T}}\boldsymbol{B}\boldsymbol{x}<b\boldsymbol{x}^{\mathrm{T}}\boldsymbol{x}$，于是 $\boldsymbol{x}^{\mathrm{T}}(\boldsymbol{A}+\boldsymbol{B})\boldsymbol{x}<(a+b)\boldsymbol{x}^{\mathrm{T}}\boldsymbol{x}$，即 $(a+b)\boldsymbol{E}-(\boldsymbol{A}+\boldsymbol{B})$ 为正定矩阵，亦即 $\boldsymbol{A}+\boldsymbol{B}$ 特征值小于 $a+b$.

6. **证明** 取 $\boldsymbol{\gamma}(t)=\boldsymbol{\alpha}+t(\boldsymbol{\beta}-\boldsymbol{\alpha})$，记 $g(t)=f[\boldsymbol{\gamma}(t)]=\boldsymbol{\gamma}(t)^{\mathrm{T}}\boldsymbol{A}\boldsymbol{\gamma}(t)$ 为 t 的连续函数. 又 $g(0)=f(\boldsymbol{\alpha})=\boldsymbol{\alpha}^{\mathrm{T}}\boldsymbol{A}\boldsymbol{\alpha}<0$，$g(1)=f(\boldsymbol{\beta})=\boldsymbol{\beta}^{\mathrm{T}}\boldsymbol{A}\boldsymbol{\beta}>0$，故有 $t_0\in(0,1)$，使得 $g(t_0)=0$，记 $\boldsymbol{\gamma}=\boldsymbol{\gamma}(t_0)$，则 $\boldsymbol{\gamma}^{\mathrm{T}}\boldsymbol{A}\boldsymbol{\gamma}=0$.

下证 $\boldsymbol{\gamma}\neq\boldsymbol{0}$.（反证）若 $\boldsymbol{\gamma}=0$，则有 $t_0\in(0,1)$，使得 $\boldsymbol{\beta}=\dfrac{1-t_0}{t_0}\boldsymbol{\alpha}$，从而 $\boldsymbol{\beta}^{\mathrm{T}}\boldsymbol{A}\boldsymbol{\beta}=\dfrac{(1-t_0)^2}{t_0^2}\boldsymbol{\alpha}^{\mathrm{T}}\boldsymbol{A}\boldsymbol{\alpha}$ 与 $\boldsymbol{\alpha}^{\mathrm{T}}\boldsymbol{A}\boldsymbol{\alpha}<0$ 同小于零，矛盾，所以 $\boldsymbol{\gamma}\neq\boldsymbol{0}$.

7. **证明** 因为 $\boldsymbol{A}$ 为正定矩阵，所以存在正交阵 $\boldsymbol{Q}$ 使得 $\boldsymbol{Q}^{\mathrm{T}}\boldsymbol{A}\boldsymbol{Q}=\mathrm{diag}(\lambda_1,\lambda_2,\cdots,\lambda_n)$，其中 $\lambda_i>0$，$i=1,\cdots,n$，故

$$\begin{aligned}|\boldsymbol{A}+\boldsymbol{E}|&=|\boldsymbol{Q}\,\mathrm{diag}(\lambda_1,\lambda_2,\cdots,\lambda_n)\boldsymbol{Q}^{\mathrm{T}}+\boldsymbol{E}|\\&=|\boldsymbol{Q}\,\mathrm{diag}(\lambda_1+1,\lambda_2+1,\cdots,\lambda_n+1)\boldsymbol{Q}^{\mathrm{T}}|\\&=(\lambda_1+1)(\lambda_2+1)\cdots(\lambda_n+1)>1\end{aligned}$$

8. **证明** 因为 $\boldsymbol{A}$ 为正定矩阵，所以 $\boldsymbol{A}^{-1}$ 也为正定矩阵. 故对任意 $x\neq0$

$$\begin{aligned}f(\boldsymbol{x})&=\begin{vmatrix}\boldsymbol{A}&\boldsymbol{x}\\\boldsymbol{x}^{\mathrm{T}}&\boldsymbol{0}\end{vmatrix}=\begin{vmatrix}\boldsymbol{E}&\boldsymbol{0}\\-\boldsymbol{x}^{\mathrm{T}}\boldsymbol{A}^{-1}&1\end{vmatrix}\begin{vmatrix}\boldsymbol{A}&\boldsymbol{x}\\\boldsymbol{x}^{\mathrm{T}}&0\end{vmatrix}=\begin{vmatrix}\boldsymbol{A}&\boldsymbol{x}\\\boldsymbol{0}&-\boldsymbol{x}^{\mathrm{T}}\boldsymbol{A}^{-1}\boldsymbol{x}\end{vmatrix}\\&=-|\boldsymbol{A}|\,|x^{\mathrm{T}}\boldsymbol{A}^{-1}x|<0\end{aligned}$$

即 $f(\boldsymbol{x})=\begin{vmatrix}\boldsymbol{A}&\boldsymbol{x}\\\boldsymbol{x}^{\mathrm{T}}&\boldsymbol{0}\end{vmatrix}$ 是 n 元负定二次型.

9. **证明** $\boldsymbol{A}$ 为实对称矩阵，则有一正交矩阵 $\boldsymbol{Q}$，使得

$$\boldsymbol{Q}\boldsymbol{A}\boldsymbol{Q}^{\mathrm{T}}=\begin{pmatrix}\lambda_1&&&\\&\lambda_2&&\\&&\ddots&\\&&&\lambda_n\end{pmatrix}=\boldsymbol{B}$$

成立. 其中 $\lambda_1,\lambda_2,\cdots,\lambda_n$ 为 $\boldsymbol{A}$ 的特征值，不妨设 λ_1 最大，$\boldsymbol{Q}$ 为正交矩阵，故 $\boldsymbol{A}=\boldsymbol{Q}^{\mathrm{T}}\boldsymbol{B}\boldsymbol{Q}$，则

$$f(\boldsymbol{x})=\boldsymbol{x}^{\mathrm{T}}\boldsymbol{A}\boldsymbol{x}=\boldsymbol{x}^{\mathrm{T}}\boldsymbol{Q}^{\mathrm{T}}\boldsymbol{B}\boldsymbol{Q}\boldsymbol{x}=\boldsymbol{y}^{\mathrm{T}}\boldsymbol{B}\boldsymbol{y}=\lambda_1y_1^2+\lambda_2y_2^2+\cdots+\lambda_ny_n^2$$

其中 $\boldsymbol{y}=\boldsymbol{Q}\boldsymbol{x}$，当 $\|\boldsymbol{y}\|=\|\boldsymbol{Q}\boldsymbol{x}\|=\|\boldsymbol{x}\|=1$ 时，$\sqrt{y_1^2+y_2^2+\cdots+y_n^2}=1$，$y_1^2+y_2^2+\cdots+y_n^2=1$，$f_{\text{最大}}=(\lambda_1y_1^2+\cdots+\lambda_ny_n^2)_{\text{最大}}\underset{y_1=1}{=}\lambda_1$，故得证.

10. **证明** 充分性：由 $r(\boldsymbol{B})=n$ 得 $\boldsymbol{x}\neq\boldsymbol{0}$，$\boldsymbol{B}\boldsymbol{x}\neq\boldsymbol{0}$，又由 $\boldsymbol{A}$ 为正定矩阵，得

$$(\boldsymbol{B}\boldsymbol{x})^{\mathrm{T}}\boldsymbol{A}(\boldsymbol{B}\boldsymbol{x})=(\boldsymbol{B}\boldsymbol{x})^{\mathrm{T}}\boldsymbol{A}\boldsymbol{B}\boldsymbol{x}=\boldsymbol{x}^{\mathrm{T}}\boldsymbol{B}^{\mathrm{T}}\boldsymbol{A}\boldsymbol{B}\boldsymbol{x}>0$$

所以 $\boldsymbol{B}^{\mathrm{T}}\boldsymbol{A}\boldsymbol{B}$ 正定.

必要性：若 $r(\boldsymbol{B})\neq n$，则 $r(\boldsymbol{B})<n$，故存在 $\boldsymbol{x}\neq\boldsymbol{0}$，使 $\boldsymbol{B}\boldsymbol{x}=\boldsymbol{0}$，$\boldsymbol{x}^{\mathrm{T}}(\boldsymbol{B}^{\mathrm{T}}\boldsymbol{A}\boldsymbol{B})\boldsymbol{x}=(\boldsymbol{B}\boldsymbol{x})^{\mathrm{T}}\boldsymbol{A}(\boldsymbol{B}\boldsymbol{x})=0$，这与 $\boldsymbol{A}$ 为正定矩阵矛盾，所以 $r(\boldsymbol{B})=n$.

参 考 文 献

［1］ 刘三阳，马建荣，杨国平．线性代数［M］．2 版．北京：高等教育出版社，2009.

［2］ KOLMAN B，HILL D．线性代数及其应用［M］．王殿军，改编．北京：高等教育出版社，2007.

［3］ 高淑萍，马建荣，张鹏鸽，等．线性代数及其应用［M］．2 版．西安：西安电子科技大学出版社，2020.

［4］ 张鹏鸽，高淑萍．线性代数疑难释义［M］．西安：西安电子科技大学出版社，2015.

［5］ 高淑萍，张剑湖．线性代数重点、难点、考点辅导与精析［M］．西安：西北工业大学出版社，2014.

［6］ 王萼芳，石生明．高等代数［M］．3 版．北京：高等教育出版社，2019.

［7］ LAY C．线性代数及其应用［M］．刘深泉，张万芹，陈玉珍，等译．北京：机械工业出版社，2017.

［8］ 刘强，孙阳，孙激流．线性代数同步练习与模拟试题［M］．北京：清华大学出版社，2015.

［9］ 杨威．线性代数练习册［M］．西安：西安电子科技大学出版社，2020.